高等学校教材

绿色有机化学实验

贾　瑛　许国根　张　剑　编

西北工業大學出版社

【内容简介】 本书是根据少学时有机化学课程的教学计划及大纲编写的实验教材，编写中始终贯穿绿色化学的“无毒、低毒、低污染”的理念。全书包括4章内容：第1章简单介绍绿色化学的基本理念及常用的有机实验仪器设备等；第2章介绍有机化学实验基本操作；第3章是有机化合物的制备实验；第4章是综合实验，涉及提取、鉴定、设计3种类型的实验。

本书既可作为化学专业、环境工程专业等有机化学的实验教材，也可供其他相关专业作为实验教学参考书。

图书在版编目(CIP)数据

绿色有机化学实验/贾瑛，许国根，张剑编.—西安：西北工业大学出版社，2009.8
ISBN 978-7-5612-2626-1

Ⅰ.绿… Ⅱ.①贾…②许…③张… Ⅲ.有机化学—无污染技术—化学实验 Ⅳ.O62-33

中国版本图书馆CIP数据核字(2009)第148019号

出版发行：西北工业大学出版社
通信地址：西安市友谊西路127号 **邮编**：710072
电　　话：(029)88493844 88491757
网　　址：www.nwpup.com
印 刷 者：陕西丰源印务有限公司
开　　本：787 mm×1 092 mm 1/16
印　　张：6.875
字　　数：162千字
版　　次：2009年8月第1版 2009年8月第1次印刷
定　　价：20.00元

前 言

有机化学是一门实验性很强的学科，为了更深一步理解有机化学的理论及各化合物的性质，有机化学实验成为有机化学教学中必不可少的环节。有机化学实验可以培养学生理论联系实际的能力，独立分析及解决问题的能力，进一步提高学生的实验技能，为今后独立从事相关领域的研究打下坚实的实验基础。

在传统的有机化学实验中，产生大量的废物及较高的操作危险性，使得学生对有机化学实验望而却步。如何对传统的有机化学实验进行改革，使之降低危险性并提高安全性，一直是我们在有机化学教学中思考的问题。绿色化学提供了这样的机会。

绿色化学是在 20 世纪 90 年代由于人们认识到传统化学的不足而产生的一门新兴学科。它是运用化学原理和方法来减少或消除工业生产过程中使用或产生的对生态环境有害的原料、催化剂、溶剂、试剂、副产物等的一门科学，从源头上阻止了化学物质对环境的污染，是化学未来发展的方向。

本书根据不同的实验要求，依据绿色化学的基本原则，以绿色环保为宗旨，编排有机化学实验。编排时，尽量选择可以减少反应介质所用的和由溶剂进行分离操作中产生的有毒溶剂，或能在最温和条件下反应的，或具有高效反应性的实验。对于产率低、反应物用量要求较多的传统的有机实验操作，优先选取无毒、无害、无二次污染的反应物和催化剂；对于要用到有毒有害物质的实验则采用微型实验，或者在保证合成产物不变的条件下，直接选用无毒、无害的反应物质。微型有机化学实验的优点在于，可节约实验的仪器费用和药品费用；反应物用量少，反应及产品后处理时间也相应减少，可缩短实验时间；使用的药品量少，相应产生的废气、废水和废渣也少，可大大减少对环境的污染。

在实验教学过程中，教师不应只是单纯地要求学生按照要求完成每一个实验项目，更为重要的是通过讲解绿色化学与传统化学的区别，使学生在掌握相关有机化学理论的基础上，评价与实验相关的化学物质的毒性并掌握合适的预防措施；学生则要通过实验，理解和掌握绿色化学的理念，学会评估有毒物质和废物产生的条件，鉴定可以减少有毒化合物排放的绿色化学的新方法，并评价整个过程的安全性及环境影响，为在今后的工作中践行绿色化学理论打下基础。

全书共分 4 章内容：第 1 章是介绍绿色化学的基本理念；第 2 章是有机化学实验基本操作练习；第 3 章通过有机化合物的制备进一步掌握实验技能及绿色化学的理念；第 4 章则安排综合实验以训练学生独立分析问题和解决问题的能力。各章内容相互衔接，由浅入深。特别是第 4 章要求学生通过查阅文献资料，自行设计实验方案，确定实验条件，制备产物，表征产品结构，归纳总结，在此基础上撰写科技论文。通过该章节的训练可提高学生阅读和查阅科技文献的能力和独立实验的能力，为毕业论文的写作及未来从事研究和实际工作奠定基础。

使用本书时可以根据实验室条件、学生基础和教学学时数来选择相应的实验内容。

本书在编写过程中，参阅了有关著作和部分兄弟院校的教材，在此向作者一并表示衷心地感谢。由于编者水平有限，书中难免有不足之处，恳请读者提出宝贵意见，以便今后修改采纳。

编　者

2009 年 3 月于西安

目　录

第1章 绪 论

1.1 绿色化学及绿色有机合成

1.1.1 绿色化学的提出和内涵

长期以来，化学品的开发、生产和应用为人类社会的进步做出了巨大贡献。无论工业、农业，还是人类生活的衣、食、住、行、保健与美化诸多方面，都与化学品的供应及其质量密切相关。然而，由于化学品的滥用和大量化学品本身存在的毒性效应，已造成严重而普遍的生态环境和资源的破坏，并对生物界甚至人类健康产生明显危害。长期的化学品环境污染治理的实践经验证明，只依靠末端治理是不能彻底解决化学污染的问题，如不从化学品设计、生产过程等环节彻底革新以消除造成负面影响的根源，那么，就治理来说，只是实现了污染物的转移，在治理的过程又可能产生新的污染。这样的恶性循环，将会使人类丧失对化学学科的信任，从而对化学学科的发展产生威胁。根本而有力的措施就是把化学改革成可持续发展的学科。由于人类社会可持续发展的迫切需要，绿色化学这一崭新的学科就应运而生。

绿色化学这个名称最早出现在美国环保局的官方文件中，以突出化学对环境的友好。1995年，时任美国总统克林顿、副总统戈尔专设了“总统绿色化学挑战奖”，以推动社会各界进行化学污染预防和工业生态学研究，鼓励支持重大的创造性科学技术突破，从根本上减少乃至杜绝化学污染。上述原因，使得绿色化学这个名称广为传播。世界上很多国家已把化学的绿色化作为新世纪化学发展的主要方向之一。

绿色化学，又称环境无害化学、环境友好化学、清洁化学，可定义为以绿色意识为指导，研究和设计对环境副作用尽可能小，在技术和经济上可行的化学和化工生产过程，包括原料和试剂在反应中的充分利用。它是利用新的化学原理和方法来减少或消除对人类健康、社区安全、生态环境有害的反应原料、催化剂、溶剂和试剂、产物、副产物的使用和产生的新兴学科，是一门从源头上减少或消除污染的化学。绿色化学不但有重大的社会、环境和经济效益，而且说明化学的负面作用是可以避免的。绿色化学体现了化学科学、技术与社会的相互联系和相互作用，是化学科学高度发展以及社会对化学科学发展的作用的产物。对化学本身而言是一个新阶段的到来。作为新世纪的化学科学，不但要不断地发展新的、对环境更友好的绿色化学，而且要让年轻化学工作者了解绿色化学，接受绿色化学，为绿色化学做出应有的贡献。

原子经济性是绿色化学的核心内容之一。长期以来，合成化学只注意合成产品的生产率，对于合成工艺和加工生产过程中是否使用或产生有毒物质或废物则很少考虑。1991年，美国著名的有机化学家Trost首次提出了原子经济性的概念，为此他获得了1998年度的“总统绿色化学挑战奖”的学术奖。原子经济性也就是充分利用反应物中的各个原子，从而既能充分利

用资源，又能防止污染。一般用原子利用率来衡量反应的原子经济性，即

$$原子利用率=\frac{目标产物的相对分子质量}{反应物质的相对原子质量之和}\times 100\%$$

原子经济性的目标就是当设计合成路线时尽量使原料分子中更多或全部地变成最终预期产物。原子利用率越高，反应产生的废弃物越少，对环境造成的污染也越少，或者说，从源头上消除了由化学反应副产物引起的污染。因此，它是化学反应的理想目标。高效的有机合成应最大限度地利用原料分子的每一个原子，使之结合到目标分子中，达到零排放。绿色有机合成是应该具有原子经济性的。

绿色化学的核心内容之二主要体现在四个"R"上：第一是 Reduction 即减少用量，实验微型化可以减少药品的用量；第二是 Reuse 即重复使用实验材料和产品，诸如化学工业过程中的催化剂、载体等，能回收的尽量回收再用，这是降低成本和减少废物排放的需要；第三是 Recycling 即循环使用，它可以有效实现省资源、少污染、减成本的要求，提高药品利用率；第四是 Rejection 即拒用危害品，改革合成方法，尽量不用危害品，这是杜绝污染的最根本方法。

1.1.2 绿色化学的特点

绿色化学的最大特点在于它是在始端就采用实现污染预防的科学手段，因而过程和末端均为零排放或零污染。显然，绿色化学技术不是针对末端或生产过程的污染进行控制或处理，因而绿色化学技术与三废处理技术有着根本的区别，后者是末端污染控制。

根据绿色化学科研实践成果和工业生态学的一些基本原则，绿色化学工作者总结了以下 12 条绿色化学的基本原则，这些基本原则是绿色化学基础和应用研究实践活动中重要的指导性纲领。

(1)预防。防止产生废物比产生后再处理更好。

(2)原子经济性。当设计合成方法时，应尽可能地使用于生产加工过程中的原材料全部进入最后的产品中。

(3)无害(或少害)的化学合成。所设计的合成方法应对人类健康和环境具有小的危害或小的毒性。

(4)设计无危险的化学品。化学产品应该设计为有效地显示所期望的功能而毒性最小。

(5)安全的溶剂和助剂。所使用的辅助物质包括溶剂、分离试剂和其他物品，在使用时应是无毒的。

(6)设计要讲求能效。尽量节省化学加工过程中的能源消耗及对环境的负面影响。如果可能，合成方法应在室温和常压下进行。

(7)使用可再生的原料。当技术或经济上可行，原料和加工的粗料都应尽可能再生利用。

(8)减少衍生物。如果可能，尽量减少和避免利用衍生化反应。

(9)催化作用。采用具有高选择性的催化剂比按化学计量学进行反应的助剂优越得多。

(10)设计要考虑降解。化学产品的设计应使它们在功能终了时，能分解为无害的可降解产物并不在环境中长期存在。

(11)为了预防污染进行实时分析。须要进一步开发新的分析方法，使之可以进行实时的生产过程监测并在有害物质形成之前予以控制。

(12)防止事故发生的固有安全化学。在化学过程中使用的物质和物质形态的选择，应尽

可能地减少发生化学事故的潜在可能性，包括释放、爆炸以及着火等。

1.1.3　绿色有机合成实现的途径

绿色化学的目标为有机合成实现“绿色”指明了方向。绿色化学在强调使用更有效和更经济的新技术和新方法生产化学品的同时减少化学危害，一般可以通过以下 4 种途径实现这个目标：

(1)防止形成废物；

(2)使用较安全的反应物或溶剂；

(3)执行高选择性和有效性的转化；

(4)避免不必要的转化。

任何一个化学转化过程通常可以由以下的方程来表示：

$$\text{起始原料}\xrightarrow[\text{溶剂、能量}]{\text{反应物}}\text{产物}+\text{副产物}$$

当建立一个绿色有机合成方法时，首先要分析已有的过程，确定各个物质(起始物、反应试剂和溶剂)和产物(包括产物和任何副产物)及反应条件(温度、压力等)，然后确定各个物质潜在的危险性并考虑能量输入的方法，最后检验反应或过程的总有效性，以及用来得到最终产物的整个反应顺序。在考虑这些因素的基础上，提出改进的方法或步骤，并检验提出的方法是否有效和减少了危险。在一个新的绿色的方法被建立前，须要反复地进行评估和检验，并对发现的问题作进一步的修正和测试。如果不存在传统的有机合成方法，则根据绿色化学的 12 条基本原则，建立新的绿色化学合成方法。

1.溶剂的替代

有机化合物被广泛应用于各种反应过程和制备中，其中许多溶剂因为具有挥发性、易燃、易爆和毒性，当发生泄漏及意外释放时会对人的健康和环境产生相当大的影响。例如，普遍使用的烃类溶剂一般都具有挥发性和易燃性，因而它们很容易引起火灾；另外它们的挥发性也使其很容易被人偶然地或无意地吸入。又如一些烃类物质会对人体健康造成较大的伤害，长期地暴露会导致很严重的健康问题；并且烃类化合物基本上来自于不可更新的化石类燃料资源中，依据产品全寿命周期分析方法，可以明显地判断出在它们生产的过程中已经造成了环境危害。其他不属于绿色溶剂的还有卤代烃、芳烃，前者特别是氯化烃，被发现能导致多种健康问题。而芳烃绝大多数是公认的“三致”化合物。在某种程度上，醇类、烷烃还有某些偶极非质子溶剂由于毒性较小，通常是候选的绿色溶剂。

为了代替传统有机反应溶剂，替代的新溶剂一定要符合很多要求。首先，替代溶剂必须能够溶解起始原料和反应物，使它们能够按照要求的方式进行反应。其次，替代溶剂必须是无活性的，不能干扰正常的反应。最后考虑选择的替代溶剂将会怎样影响反应速率。在这些基本要求的基础上，再考查替代溶剂的一些环保性质：

(1)怎样让反应在新的溶剂中有效地进行？新溶剂加强还是减弱了副反应及其副产物？

(2)与被替代溶剂相比，新溶剂是无毒的或是毒性减少的？

(3)挥发性(即蒸气压大小)如何？会减少挥发或暴露吗？

(4)水溶性如何？如果是水溶性的，它会使分离和纯化过程简化还是复杂了？它会增加循环使用的难度吗？

(5)脂溶性如何？这种溶剂在非极性溶剂中可溶吗？如果是脂溶性的物质，它会在体内或组织内累积吗？

(6)生物降解性如何？如果可以生物降解，那么降解速率多大？降解产物是否安全？

(7)能否循环使用？如有可能，被提纯的溶剂仍然有效吗？或者它是否含有潜在的危险杂质？

除以上替代溶剂的要求外，还可以通过允许使用已知的相对安全的传统溶剂(如乙醇)的化学反应及过程、新的安全的溶剂设计、不需要溶剂的新反应工程等方法达到替代溶剂的环保性质。

(1)开发更绿色的传统溶剂。有 3 条途径可以减少因使用溶剂而产生的对健康和环境的危害。一是通过避免使用毒性或污染环境的溶剂而使用相对无毒的溶剂，就能够减少因使用、暴露和释放溶剂而造成的固有的健康危害；二是较少使用挥发性溶剂，就能够使因为挥发而无意释放或暴露达到最小化；三是通过回收溶剂，能够避免必须处理废液溶剂，减少化学活动所造成的环境负担。

附录 4 提供了很多常用有机溶剂的常用的物理化学参数，以供在选择溶剂时参考。附录中相对乙酸丁酯的挥发速率和闪点表示了溶剂挥发性；水溶性则可以说明任何因意外释放化学物质所造成的水资源污染的潜能；正辛醇和水互溶体系的分配系数则表示该溶剂在细胞间的传输及脂肪组织内积累的可能情况；最低嗅觉阈值表示了感受某种化合物的难易程度。LD_{50}(半致死量)说明了该溶剂的毒性。而溶剂对环境影响的作用参数可以通过诸如空气中的半衰期、城市臭氧层生成和生物降解时间范围的潜能等判断。

替代溶剂在很大程度上都可以立即起作用，但是寻找有些传统溶剂如卤代烃的合适的绿色替代溶剂是很困难的，当溶剂是反应体系的媒介时更是如此。

(2)设计新溶剂或寻找替代反应媒介。发明新溶剂和反应媒介是绿色有机合成努力的方向，也是绿色化学尚待开发的领域。下面是几种新型的绿色有机溶剂和替代反应媒介。

1)安全的有机溶剂。理论及实践经验告诉我们，对现有的溶剂作改进以减少挥发性、毒性和环境危害，或者是找到能被发展成为溶剂的液体都是可行的。有些较为安全的新溶剂已被广泛用做反应溶剂和其他很多应用上。例如，乳酸乙酯(2-羟基-丙酸乙酯)是许多聚合物和树脂的极好溶剂，它是由发酵而来，也是生物可降解的和可循环使用的。双丙酮醇(4-羟基-4-甲基-2-戊酮)作为丙酮的有效替代品，可溶解多种脂肪、油、蜡和树脂，同时又保留了水混溶性，PC(碳酸 1,2-丙二醇酯)是很多环氧化作用的有效溶剂。

2)氢氟碳化合物。氢氟碳化合物(HFC)保留了氟里昂(CFC)所需的主要特性，但不会破坏臭氧层，因此可以作为良好的 CFC 替代物，但由于溶解性的差异，它并不能作为溶剂来使用。

3)水。从对健康的危害和环境的影响来分析，水是唯一最好的溶剂。但事实上水在有机化学中使用得非常少，主要原因是绝大多数有机化合物是非水溶性，而且很多有机反应物和中间体都能与水作用而产生大量的副产物。通过改善有机物的水溶性、降低反应物(包括中间体)的活性以减少它们与水作用的可能性等方法有可能会扩大水在有机化学中的应用。例如，使用金属铟代替镁，可以在水溶液中使用格氏试剂。

水在作为反应媒介时，须要注意的是反应完成后，不能随意排放废水，否则废水中的污染物会污染水源，而且水的纯化成本要比其他有机溶剂高得多。

4)超临界溶剂。超临界溶剂是指处于超临界状态下的某些物质。在超临界状态下，物质的物理化学性质介于气体和液体之间，兼具两种状态的特点，如具有与液体相近的溶解能力和传热系数，同时具有与气体相近的黏度系数和扩散系数。最常用的超临界溶剂是超临界二氧化碳(临界温度 31.3℃以下，临界压力 7.38MPa)，它是一种极不平常的溶剂，可以像传统溶剂一样溶解化合物，还能像气体那样穿过小气孔和裂纹。它的毒性阈值为 5 000mg/kg，远比许多有机溶剂的毒性小，通常在室温 25℃条件下对反复接触的人体是安全的，使用过程中产物的提纯也非常简单，只要减小压力就可以使二氧化碳转化到气态并释放出溶解的化合物。它适于作小分子反应的介质，包括氢化、胺化、羟基化、异构化、氧化、成环作用等，也可用于无机和有机金属的反应、自由基反应。

5)离子性液体。离子性液体是由离子组成的，在室温下呈液态的盐。一般由有机阳离子(烷基铵离子、烷基鏻离子、*N*-烷基吡啶等)和无机阴离子(BF_4^-，PF_6^-，SBF_6^-，$CF_3SO_3^-$ 等)组成。离子液体蒸气压非常低，甚至低于一般仪器的检测限，不可燃、热稳定性高(可达 300℃)且可以回收。它是 20 世纪末出现的现已逐步广泛应用于无机、有机和高分子化合物的优良溶剂，可溶解多种有机化合物，如原油、墨汁、塑料，甚至 DNA。但对离子性液体毒性方面还知之甚少，它们可能在某种条件下分解成为有毒的物质，须加强这些知识点的研究。

(3)不需要溶剂的新过程设计。解决溶剂问题最好、最彻底的方法是反应体系中不使用溶剂。尽管在任何反应体系中完全不使用溶剂现阶段还非常困难，但从环境保护角度出发，还是非常值得作这方面的努力与研究的。现在已经证明某些反应能够在固态有效进行，有些反应则可以在气相中实现。

2.试剂的替代

绿色化学采用两种方法来减少现有试剂对健康及环境的影响，一是使用更安全的试剂或非传统的试剂，二是发展对有害或导致废弃物产生的试剂需求量最小的、更具选择性和更高效的反应。

(1)安全的试剂。一个反应试剂的活性越高，反应的选择性就越差，也就意味着会产生大量的反应副产物。有机化学反应中有很多是使用高反应活性试剂进行简单的化学转化，而这些高反应活性试剂通常是有毒性或对环境有害的。从对环境影响的程度评价，很明显这些反应不属于绿色化学。事实上选择具有恰当的活性以获得更大的反应选择性，避免副反应的发生是减少反应对环境影响的一种较好的途径。寻找安全的替代试剂就意味着寻找一种较温和的试剂，既可以满足反应所需要的转化，又不会产生不可接受的危害。例如，在高活性试剂中引入保护基团，就可阻止官能团副反应的发生并减少反应在分子其他位置发生的可能反应。安全替代试剂的使用可以使形成副产物的量最少，减少分离和提纯需要的步骤。

寻找安全的替代试剂须考虑下列 3 个原则。

1)功效。替代试剂必须能够具有和原试剂相当或更优秀的效率去实现所希望的转化。

2)安全性。替代试剂和现有试剂相比，要有较低的挥发性、易燃性、毒性和反应活性并有更高的稳定性。要尽量避免使用腐蚀性、刺激性、致癌性的化学试剂。

3)环境影响。使用替代试剂要能降低由于试剂本身不易控制的排放和过程副产物或废物的释放而对环境的影响。

由于寻找安全的试剂是一项非常困难的工作，因此，如果一种替代试剂不能满足上面所述的全部原则，它仍然可以作为安全试剂的候选来进行研究。

已二酸是重要的化工原料和合成中间体，目前国内、外有机实验和工业生产中大多采用浓硝酸或高锰酸钾直接氧化法制备已二酸，但这些方法都存在着操作复杂、收率不高等缺陷。特别是使用浓硝酸作氧化剂，由于它的强氧化性，会强烈氧化原料而生成戊二酸、丁二酸等副产物，同时释放大量的 NO_2、N_2O、硝酸蒸气等有毒气体以及高浓度的废酸液，严重污染环境。实验要求在强力通风橱内进行，操作复杂且极不安全。改进后的方法以中等氧化性的过氧化氢代替浓硝酸作为氧化剂，反应条件温和，易于控制，副反应少，并且环境污染也较少，是绿色合成已二酸的好方法。

(2)非传统试剂。在人工合成的有机化学品中，绝大多数是由石化原料制备，而原油的精炼要消耗大量能源，并且在使原油转化成有用化学品的方法中，要经过氧化、加氧或类似的过程，这些过程都可能会严重污染环境。所以从这个角度出发，使用任何传统意义的试剂都会对环境造成影响。

但是换一种思维方式，就有可能提出许多绿色的非传统试剂。如用电子、光子、有机体和酶等代替传统意义上的试剂，就会克服传统试剂使用过程中存在的问题。

有机体和酶等农业性原材料和生物性原材料是很好的非传统原材料，因为这些原材料的分子中多数都含有大量的氧原子，所以用它们取代石油作起始原料可以消除污染严重的氧化步骤。生命有机体和酶即生物试剂在低温条件下仍具有高效率和高活性，得到有机化学所需要的许多反应，并且一般都能够由一种可再生的植物源提取出来，或通过天然存在的有机体发酵获得。电子也是一种有效的氧化或还原试剂替代物。电子替代反应实际上就是电化学合成。利用一对电极和一个电池来代替传统的氧化还原试剂，它显示出较高的有效性和潜在的独特的选择性。光子替代物即为光合成(包括超声波和微波)，由太阳光或由更专用的光源所提供的能量，通常被用来形成或断裂化学键。

(3)非传统催化剂。催化剂是化学工业的基石，化学工业上的重大变革、技术进步大多因新的催化材料或技术的产生而受影响。催化剂的正确选择，对化学反应速率、反应的选择性和转化率以及减少或消除产生副产物等有重要影响。无毒无害和高效催化剂的研究和开发是绿色化学的一个重要研究方向，现已获得了不少优良的非传统催化剂。如采用安全的像分子筛、杂多酸等固体催化剂代替腐蚀性强的有害液体催化剂；在精细化工工艺中采用不对称催化技术，得到有毒有害副产物较少的光学纯手性产品；采用生物催化法以减少废物；药物合成中使用超分子催化剂，并进行分子记忆和模式识别技术，在同一合成化学工艺体系中，同时采用酶、无机和有机金属催化剂。

环已烯的制备是高校有机化学实验中一个典型的合成实验。实验室通常采用浓硫酸或85％磷酸作为催化剂对环已醇经液相脱水来制备环已烯。该方法收率一般只有56％～66％，使用强无机酸催化时操作不便、氧化性强、副产物多。采用合适的催化剂如固体超强酸、杂多酸等代替传统的无机酸有利于增加反应选择性、提高反应收率。根据文献，实验室中可采用 $FeCl_3 \cdot 6H_2O$ 作为催化剂，通过催化环已醇脱水来制备环已烯。结果表明，在优化的实验条件下，环已烯的收率大于或等于85％，纯度大于98％。该方法操作简便，后处理工艺简单，可省去碱洗、水洗、干燥等步骤。同时，催化剂 $FeCl_3 \cdot 6H_2O$ 廉价，易于保存，使用安全方便，可重复使用，产物环己烯的收率和纯度都大幅度提高，实验效果良好，对在有机化学实验教学过程中渗透绿色化学思想有积极的指导作用。

除寻找安全的试剂之外，还可以考虑使反应物能够再次回收和使用的方法，即绿色化学中的3个“R”——回收(Recovery)、循环使用(Recycling)及再生(Regeneration)。

回收是指在反应完成后分离溶剂和失效的反应物(包括催化剂)。由于传统的分离方法大多比较耗能，难度大且投资大，有时方法本身也对健康及环境产生影响(例如重结晶时的溶剂，层析时用的载体)，所以只有当反应物和副产物价值非常大，或者危害较大时才考虑回收。循环利用是指溶剂或反应物使用前要经过处理或纯化。这里主要考虑的是催化剂的循环使用，因为常见催化剂的成本一般都很高。

再生是指通过特定的方法使失效的反应物重新获得反应活性。此方法特别适用于容易回收的反应物。反应物通过共价健或离子健与不可溶物质(载体)连接而制成的固体载体反应物是一个特别吸引人的方法。载体既可以是有机物也可以是无机物(如有机聚合物、黏土、玻璃珠等)。反应完成后，通过简单过滤就很容易从消耗的反应物中分离带有需要产物的溶液，而反应物仍然附着在固体载体上。回收的失效的反应物可以用化学方法转化到它的活性状态，固体载体也可以回收重复使用。

3.反应设计与效率

更为绿色的化学理念是探索提高反应效率的方法和设计可替代、更环保的反应的流程，以最小化或消除有害物质的形成。

一个反应的产率达到99%，通常被认为是一个完美的反应，但如果同时产生大量的污染物，或毒性更大的副产物，那么这个反应并不能算是一个完美的反应。所以化学产率并不能真正体现化学反应的实质。绿色化学中使用原子经济性来衡量反应的有效性。原子经济性是指出现在最终产物中的原子质量和参与反应的所有起始物的原子质量的比值。通过这个参数值，可以计算有多少反应物被转化为废物。但原子经济性仅仅是一种理论上原子可能的利用率，并不能反映实际的原子利用率。因为为了加速反应或帮助反应完成，在实际上通常使一种或多种反应试剂过量。真正反映反应中原子利用率的是实验原子经济性，即理论上获得产物的质量与全部使用的反应试剂的质量比。

对一个反应而言，只有同时考虑化学产率(反映反应的选择性)和实验原子经济性(反映反应的固有效率)，有时甚至还要考虑任何与反应的理论计算量(反映反应的实际效率)相偏离的因素，才能真实评价反应的效率。一般情况下计算反应的效率为

$$\text{反应效率}=\text{化学产率}\times\text{实验原子经济性}$$

一个好的绿色方法必须同时具备高的选择性和效率，使废物最小化和纯化简单化。

(1)替代反应设计。最理想的方法是寻找一种真正的理论突破的绿色化学设计。一个目标化合物能否通过使用危害较小的起始原料、反应物或溶剂，并且产生较少的废物和消耗较少的能量的一套替代转化来合成，取决于一个人的创造力，更大程度是取决于一个人对有机化学反应的理解。通过已知化学反应的应用，对现存方法的改进和新反应的发现等，可以达到这个目标。

(2)可替代的合成路线。加成反应是绿色化学的最佳选择，因为它有非常高的原子经济性。催化剂是设计绿色反应的一个极好的手段，因为使用的催化剂的量比化学计量系数少，并且从被催化的反应的实验原子效率经济性角度看，它们没有任何损耗。

取代反应是绿色反应的良好候选，不同原子的取代反应具有不同绿色化学效应。消去反应是原子经济性非常差的反应。反应中保护基团的应用就原子经济性而言，也不是一个好的选择。保护基团的引入及去除都会消耗更多的能源，并产生相当多的废物。

当评价一个替代反应是否绿色环保，除了要考虑反应效率外，还要考虑下列一些因素：

(1)反应是否由反应物的化学计量数决定，或是否使用了催化剂。

(2)反应程度，即反应是否完全？是否是平衡反应？

(3)反应条件。是否在室温下进行，或是否需要加热或冷却？

(4)产物纯度及提纯。是否容易得到纯产品，或需要的废物分离纯化步骤是否复杂。分离和净化步骤往往会产生副产物，这不仅引起无效的反应物和废物，而且没有被完全研究清楚的副产物还会带来潜在的对健康的危害和环境的影响。

(5)反应是否复杂，实验结果是否容易重复。

(6)工程化。能否容易实现较大规模的生产。

(7)反应器或玻璃器皿清洗。如果实验结束后，清洗过程须要用到挥发性的、有毒的或对环境有害的溶剂，在时间方面受限制或费用太高，那么该实验方法并不能认为是一种绿色或经济的方法。

微量、半微量有机化学实验是近年来国际和国内化学界以绿色化学理念预防化学污染的新思想。作为绿色化学的一项实验技术，微量、半微量有机化学实验具有节约药品、节省经费、缩短实验时间、操作安全、减轻环境污染和节省能源等优点。

微量、半微量有机化学实验是指在不改变常规实验方法、操作技术的前提下，采用常规的小容量仪器，在保证实验现象明显、效果显著的基础上，使实验中试剂的浓度和用量降至最低限度。半微量实验中试剂的用量或浓度仅为常量的1/10～1/5，其试剂用量比对应的常量实验节约80％以上。实践证明，药品用量的半微量化与常量化在实验的准确性与严密性上并无明显差别。

1.1.4 绿色化学的度量标准

绿色化学是非常复杂的，因为它不仅研究化学反应本身，同时还要考虑反应的各个环节对健康和环境的影响。这就需要一整套相当复杂的参数来评价和分析一个反应的可行性及绿色性。这些参数包括纯化学的一些参数指标，如试剂的有关化学危险性、毒性、环境影响、反应性和可燃性等；实际的操作指标、参数指标，如反应需要的溶剂、试剂，纯化需要的溶剂、试剂，反应时间和温度；经济成本指标参数，如原料的成本、能量消耗、分离的难易、产品的纯度、回收和可再生的难易、废物处理的成本等。

值得注意的是，一种化学品对健康和环境的影响分析需要应用产品的全寿命周期分析法，即不能仅考虑产品使用过程中，还要考虑其生产及废弃阶段等生命的各个环节中，相关原料和过程对健康和环境的影响。如果一种起始原料、试剂或溶剂仅在考虑环境问题上是可使用的，但它若是消耗了石油资源，经多步加工生产，或须付出其他代价才能得到，都不能真正体现绿色的特点。表1.1列出了合成己二酸的传统方法和绿色方法在某些参数上的差异，从而可判断这两个方法的绿色性。

表1.1 两种己二酸合成方法的比较

比较参数	环己醇的硝酸氧化	相转移/环己烯的钨酸盐催化
试剂的危险因素	高一毒性、腐蚀性、反应激烈	中等一PTC稍微有毒
生产起始原料的影响因素	不好	不好
试剂的成本	较高	无催化剂循环使用时较高，否则较低
反应效率	高	高
反应时间	短(小于1h)	较长(约3h)
反应温度/℃	80～90	100
分离的难易	容易	容易
副产物的毒性	氮氧化物有毒	现阶段还不能确定
产物的纯度	好	好
回收和再利用的难易	不可能	容易
废物处理	低	低
加工成本	无	高

1.2 实验室安全守则、事故的预防和处理

有机化学实验使用的原料和溶剂多数是有毒、可燃、腐蚀性和挥发性的，甚至有爆炸性；使用的仪器大部分是玻璃制品，特殊条件下还使用高压容器如高压釜、高压气瓶等。因此，在有机化学实验过程中，要充分认识药品的理化性质，了解潜在的危险，集中精力，严格按正确的操作规范进行每一步实验，避免发生人员伤害、火灾、爆炸等事故。

1.2.1 实验室的安全守则

(1)设计合理的实验步骤，尽量选择反应条件温和的实验方法。

(2)确保仪器完好无损，正确安装实验装置。实验装置安装完毕后，征得指导教师同意后，方可开始实验。

(3)实验过程中，不得离开岗位，应仔细观察实验进行的情况以及装置有无漏气和破裂等情况。

(4)对所进行的实验的危险性要有充分的认识，以采取必要的安全防范措施。必须穿戴实验服。

(5)使用易燃、易爆药品时，应远离火源。实验试剂不得入口。严禁在实验室内吸烟、喝水或进食。实验结束后要认真、仔细洗手。

(6)熟悉安全用具，如灭火器材、砂箱以及急救药箱的放置地点和使用方法。安全用具和急救药品应放置在取用方便的地方，且不能移作它用。

1.2.2 实验室事故的预防

1.火灾的预防

实验室中使用的有机溶剂大部分是易燃的，因此，着火是有机实验中的常见事故。防火的基本原则有如下几点：

(1)在操作易燃的有机溶剂时要特别小心，实验装置的安装应远离火源，勿将易燃液体化合物放置在敞开的容器中加热。实验室常见的易燃溶剂有乙醚、二硫化碳、烃类(已烷、苯、甲

苯等)、醇类、酮类(丙酮、丁酮)以及酯类(乙酸乙酯)等。

(2)对低沸点易燃有机化合物应使用水浴加热,也可使用蒸气浴或电热装置。当可燃液体在加热蒸馏和回流时,应确保所有接头紧密且无张力。蒸馏时接引管的出口应远离火源,特别对于低沸点的物质如乙醚,应用橡皮管引入下水道或室外。

(3)在明火几米的范围内,勿将可燃溶剂从一个容器倒至另一容器。在进行易燃物质实验时,应养成先将酒精一类易燃的物质搬开的习惯。

(4)决不可以加热一个密封的实验装置(即使装有冷凝管),因为加热而导致的压力增加会引起装置炸裂,引发火灾。

(5)用油浴加热,必须十分注意避免油锅中水的溅入,特别是冷凝水。

(6)凡进行放热反应时,应准备冷水或冷水浴。一旦发现反应失去控制,即能将反应器浸在冷水浴中冷却。当用电加热套对装置进行加热时,电加热套应有足够的活动空间,以便在加热剧烈时能方便地拆卸。

(7)不得将带有火星的火柴梗、纸条等在实验室乱抛乱丢。也不能丢入废物缸中,否则会引发危险。应将火星灭掉后,丢入废物缸中。

2.爆炸的预防

(1)蒸馏装置不能安装成密封体,应与大气相通。减压蒸馏时要用圆底烧瓶作接收器,不能用三角烧瓶。否则,易发生爆炸。

(2)一些气体或有机溶剂的蒸气与空气相混时,在一定的比例范围内,如遇到一个热的表面,或是一个火花、电花就会引起爆炸,所以要预防这些物质的挥发。

(3)在使用醚类物质时,必须用亚铁氰化钾检查有无过氧化物存在。当有过氧化物存在时,应用硫酸亚铁除去,以免发生爆炸。对于以过氧化物作引发剂的那些反应,在后续操作中应特别注意这点。

(4)卤代烃和钠的反应剧烈,易发生爆炸,应分隔放置,金属钠屑须放在指定的地方。

(5)对于易爆炸的固体,如炔化银、炔化亚铜、苦味酸的金属盐、三硝基甲苯等都不能重压或撞击,以免引起爆炸,残渣必须小心销毁。例如,炔化银、炔化亚铜可用酸使它分解而销毁。

3.玻璃割伤的预防

玻璃割伤是常见的事故之一。避免玻璃割伤的最基本原则是切记勿对玻璃仪器的任何部分施加过度的压力或张力。

(1)当玻璃部件插入橡皮或软木塞的时候,务必将手握在玻璃部件靠近橡皮或软木塞的部位。

(2)有张力的玻璃器皿在加热时会破碎,因此,安装实验装置时应避免装置产生张力。

(3)玻璃管截断时应先锉痕,再折断。只能向同一方向锉痕,不能来回拉锉。锉出凹痕后,两手分别握住凹痕的两边,凹痕向外,两个大拇指分别按在凹痕的两侧,用力急速一压带拉。为了安全起见,要用布包住玻璃管,并尽可能远离眼睛,以免玻璃破碎伤人。

4.使用化学物品的注意事项

(1)切勿让化学物品不必要地与皮肤接触,特别注意避免伤口及创伤部位与毒品接触。不要用诸如丙酮、酒精之类的有机溶剂洗涤皮肤上的化学品,因为这些溶剂能增加皮肤对化学物品的吸收速度。实验结束后应该认真洗手。

(2)实验室通风设施应处于良好状态。尽可能地在通风橱内进行实验操作。如果反应过程中产生有害气体(如氯化氢),则应安装有效的气体吸收装置。避免吸入化学物品,特别是有机溶剂的烟雾和蒸气。

(3)切勿尝试任何化学物品,除非是特定指明须作尝试的。

(4)化学物品一旦溅出,应立即采取相应的措施清除溅出物。

(5)在使用化学物品前,应查阅相关资料,了解其毒性以及其他生理作用。

1.2.3 已发生事故的处理

1.火灾的处理

实验室一旦着火,应立即呼叫室内全体人员,并做到有组织、有秩序地参加灭火。首先立即拉开总电闸,熄灭所有火源,搬走着火附近任何易燃物质,并立即采取灭火措施。如使用灭火器,应将喷出口对准火焰的底部。如果衣服着火,切勿奔跑,而应在地板上打滚,因为迅速移动只会使火吹旺。邻近人员应用灭火毯等协助灭火,如果火焰尚未烧近头部也可用二氧化碳灭火器灭火,然而决不可以对人使用四氯化碳灭火器。

有机化学实验室的灭火通常采用使燃着的物质隔绝空气的办法,而不是使用水,因为有机物漂浮在水的上面,扩散更快,会引起更大的火灾。要用砂或灭火器灭火,也可撒干燥的固体碳酸氢钠粉末。

如果电器着火,应立即切断电源,用二氧化碳或四氯化碳灭火器灭火,因为这些灭火剂不导电。切记在带电情况下,不能使用水和泡沫灭火器灭火,因为水能导电,易使人触电。

2.化学灼伤

与腐蚀性化学物品接触的皮肤面应立即用肥皂和水充分洗涤,然后根据化学物品的性质选择合适的处置方法。轻微的灼伤者敷以灼伤药膏,严重的灼伤者应去医院作进一步的医治。

溴引起的灼伤一般都特别严重,应立即用水冲洗。用10%硫代硫酸钠浸渍,敷上烫伤药膏,包扎并求诊。若眼睛受到溴蒸气的刺激,暂不能睁开时,可对着盛有酒精的瓶口注视片刻。

如果酸溅入眼睛,应擦去眼睛外面的酸,立即用水冲洗后,即到医院就诊,或再用稀碳酸氢钠溶液洗涤,最后滴入少许蓖麻油;如果碱溅入眼睛,应擦去眼睛外面的碱,立即用水冲洗,再用饱和硼酸溶液洗涤后,滴入少许蓖麻油。

3.中毒

在实验中,化学药品溅入或误入口腔,应立即用大量的水冲洗。如已进入胃中,应查明药品的毒性性质,再根据毒性的性质服用解毒药,并立即送往医院急救。

误吞强酸,先饮用大量的水,再服氢氧化铝膏、鸡蛋白;对于强碱,也要先饮用大量的水,再服醋、酸果汁、鸡蛋白。不论酸或碱中毒都须灌注牛奶,不要吃呕吐剂。

如果发生刺激性及神经性中毒,先服牛奶或鸡蛋白使之冲淡和缓解,再服用硫酸镁溶液(约10g溶于100mL)催吐,并送往医院就诊。

吸入气体中毒者,应立即将中毒者抬至室外,解开衣领及纽扣,及时送往医院急救。

1.3 有机化学实验常用仪器和设备

1.3.1 实验中常用的玻璃仪器

玻璃仪器是进行有机化学实验时必备的、常用的仪器,按其口塞是否标准,分为标准磨口玻璃仪器及普通玻璃仪器。使用玻璃仪器的注意事项如下。

(1)使用玻璃仪器应轻拿轻放，容易滑动的仪器如圆底烧瓶不要重叠放置，以免打碎。

(2)除试管等少数玻璃仪器外，一般不能直接用火加热。

(3)锥形瓶不耐压，不能用来减压。

(4)广口容器如烧杯不能盛放易挥发的有机溶剂。

(5)带活塞或磨口仪器用过后，应洗涤干净，并垫上纸片以防黏住。若塞子已黏住，可在磨口的四周涂上润滑剂或有机溶剂，电吹风吹热风，或用水煮后再用木块轻敲塞子，使之松开。

(6)一般用途的试剂瓶的磨口无须涂润滑剂，以免玷污反应物或产物。若反应中有强碱，则磨口处应涂润滑剂，以免连接处因碱腐蚀黏牢而无法拆开。减压蒸馏时，磨口处应涂真空脂，以免漏气。

(7)当安装标准磨口的仪器装置时，应注意装配正确、整齐、稳妥，使磨口的连接处不存在应力。否则易将仪器折断，特别是在加热时，仪器受热应力更大。

(8)磨口仪器的磨口必须洁净，若有硬质杂物，会损坏磨口，影响密封性。

常用的普通玻璃仪器如图 1.1 所示。

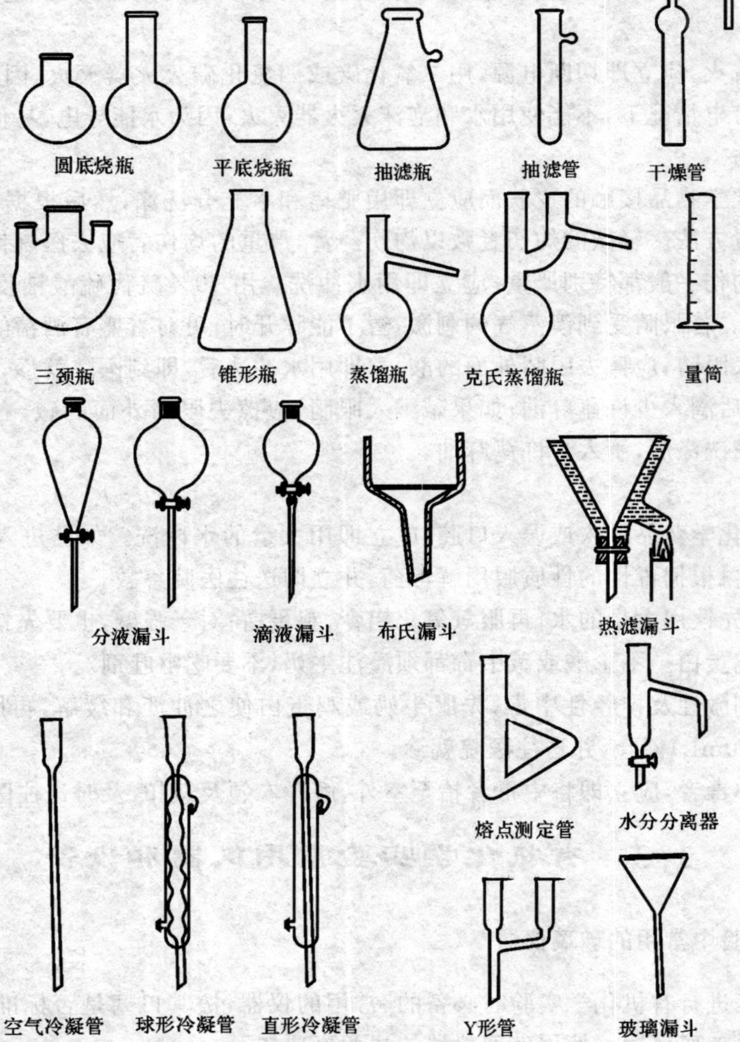

图 1.1　有机实验常用的普通玻璃仪器

常用的标准磨口玻璃仪器如图 1.2 所示。

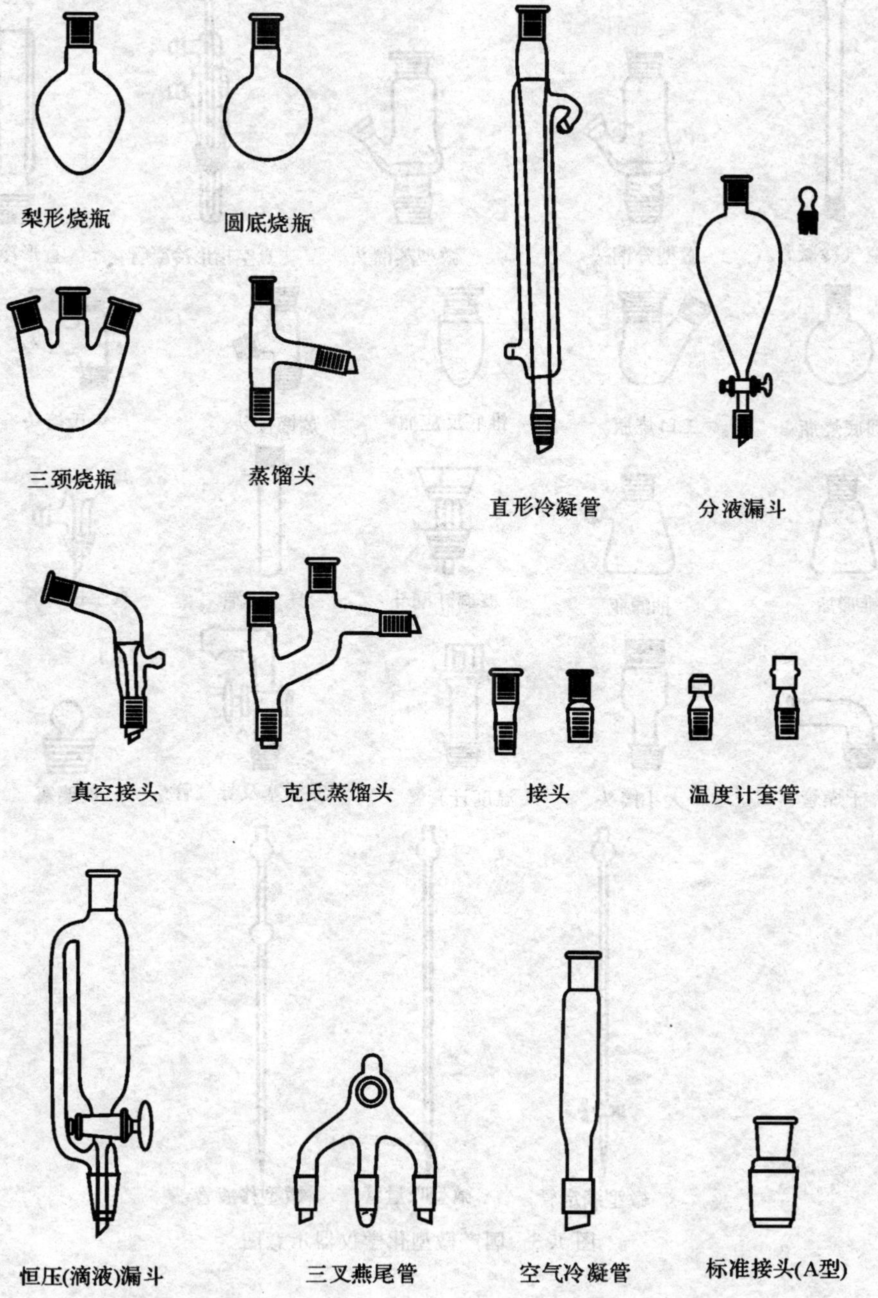

图 1.2　有机实验常用的标准磨口玻璃仪器

国产微型玻璃仪器如图 1.3 所示。

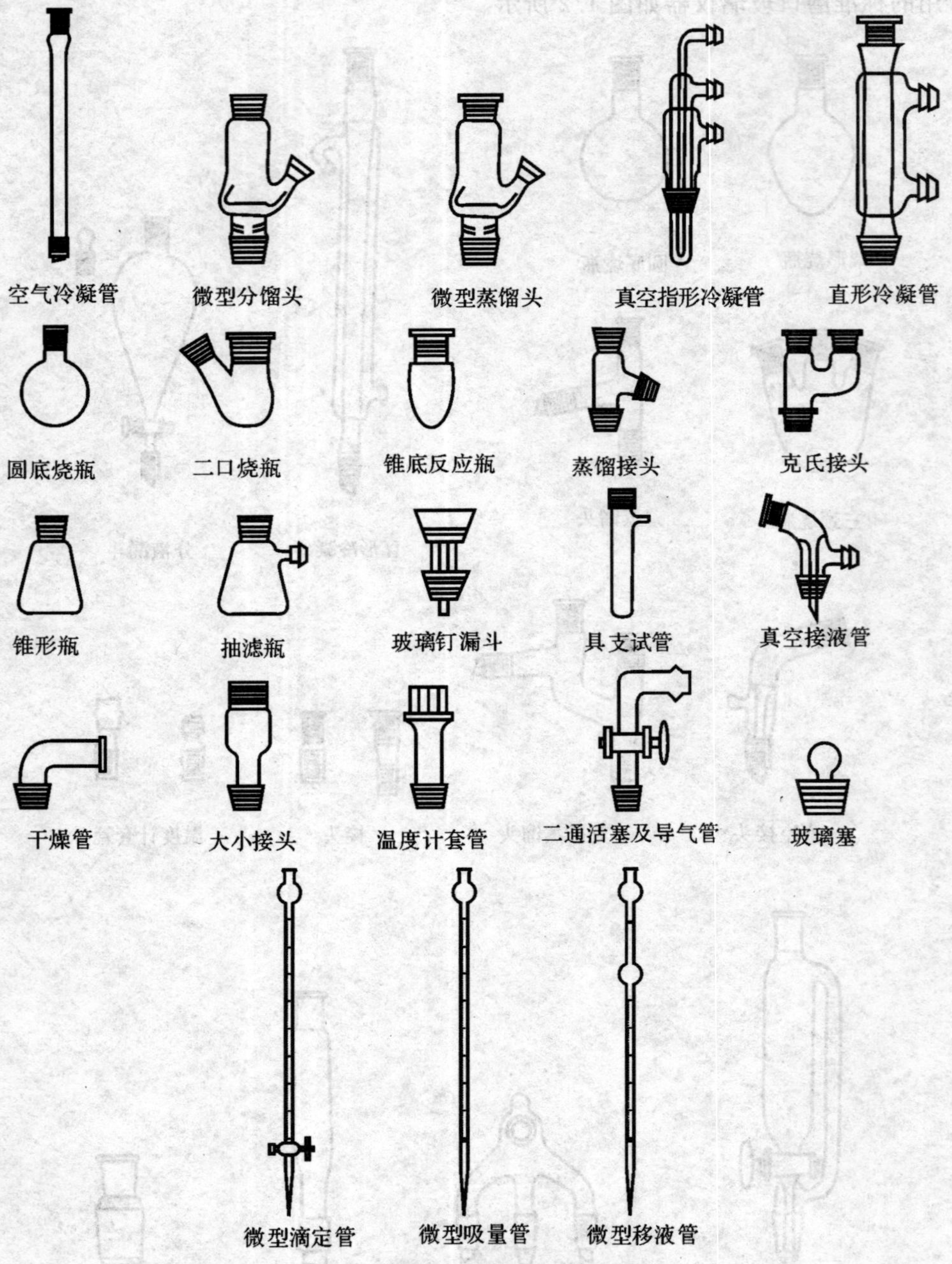

图 1.3　国产微型化学仪器示意图

1.3.2　实验中常用的设备

1. 电加热套

电加热套是一种简便、安全、无明火、热效率高的加热装置。市面上各种规格的加热套均有，并配有调压变压器。用它进行蒸馏或减压蒸馏时，随着瓶内物质的减小，会使瓶壁过热，有造成蒸馏物被烧焦的危险。实验过程中，特别是在蒸馏的后期，应不断降低支撑电加热套升降台的高度。

2. 电动搅拌器

电动搅拌器在有机实验中主要起搅拌作用，特别适合于油、水等溶液或固液反应体系，不适用过黏的胶状溶液体系，否则会因负荷过大而发热，以至烧毁仪器。电动搅拌器的旋转轴承应经常加油保持润滑。

3. 烘箱

一般的烘箱用以干燥玻璃仪器或烘干无腐蚀性、加热时不分解的样品。挥发性易燃物或刚用酒精、丙酮洗涤过的玻璃仪器切勿放入烘箱内，以免发生爆炸。若烘干加热时易分解的样品，可使用减压烘干器。

4. 磁力搅拌器

磁力撑拌器由一根聚四氟乙烯等材料包裹的磁棒（搅拌子）和一个可旋转的磁铁组成，是非均相反应体系的理想搅拌装置。磁力搅拌器一般都有控制磁棒转速的旋钮和可控制温度的加热装置。

5. 钢瓶

钢瓶又称高压气瓶，是一种在加压下储存或运送气体的容器，材料通常有铸钢、低合金钢等。氢气、氧气、氮气、空气等在钢瓶中呈压缩气状态；二氧化碳、氨、氯、石油气等在钢瓶中呈液化状态。乙炔钢瓶内有多孔性物质（如活性炭）和丙酮，乙炔气体在加压下溶于其中。

为避免各种钢瓶混用，我国规定了统一的瓶身、横条及标字的颜色，如表 1.2 所示。

表 1.2　常用钢瓶的标色

气体类别	瓶身颜色	横标颜色	标字颜色
氮	黑	棕	黄
空气	黑		白
二氧化碳	黑		黄
氧	天蓝		黑
氢	深绿	红	红
氯	草绿	白	白
氨	黄		黑
其他可燃气体	红		
其他不可燃气体	黑		

使用钢瓶应注意：

(1)应放置在阴凉、干燥、远离热源、避免日光直晒的、隔离的气瓶房内。实验室尽量少放钢瓶。

(2)搬运时应防止摔碰或剧烈震动。存放和使用时应放稳，防止滚动，并避免油和其他有机物玷污钢瓶。

(3)钢瓶中的气体不可用完，应留有 0.5%表压以上的气体，以防止重新灌气时发生危险。

(4)钢瓶使用时要用减压表，各种减压表不能混用。开启气门时应站在减压表的另一侧，以防减压表脱出而被击伤。

(5)定期试压检验（一般三年检查一次）。逾期未检验或锈蚀严重时不得使用，漏气的钢瓶不得使用。

(6)装有可燃性气体的钢瓶一定要有防止回火的装置(有的减压表带有此装置),或在管路中加液封可以起保护作用。

1.4 实验常用装置

在有机化学实验中,常见的实验装置有回流、蒸馏、抽气过滤、气体吸收及搅拌等,如图1.4～图1.10所示。

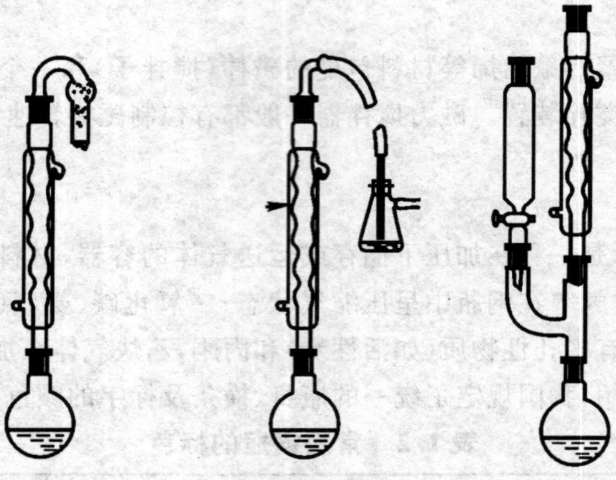

(a) (b) (c)

图1.4 回流装置

(a)可以隔绝潮气的回流装置; (b)可吸收反应中生成的气体的回流装置; (c)回流时可滴加液体的装置

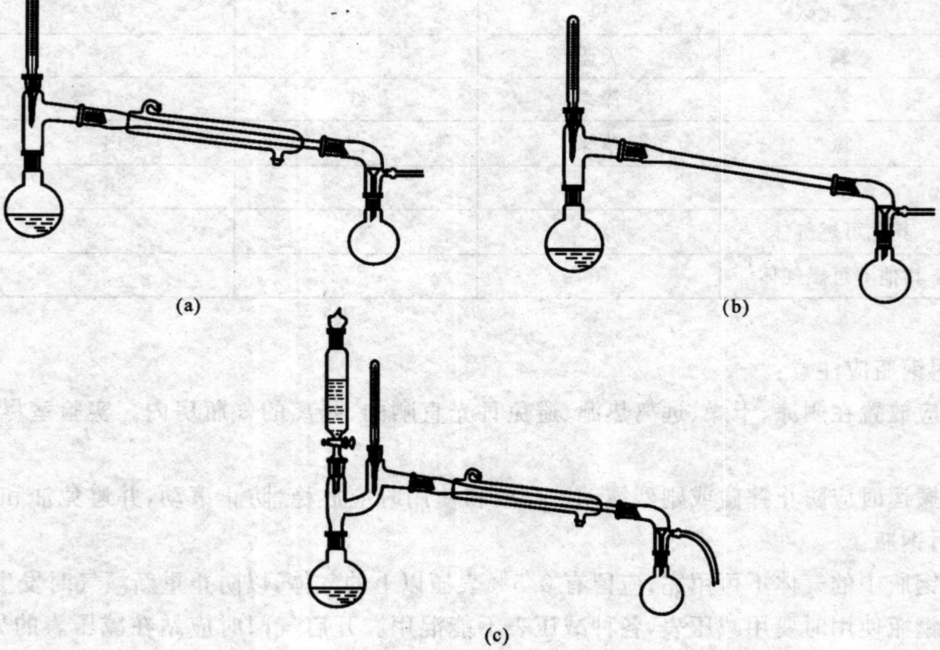

(a) (b) (c)

图1.5 蒸馏装置

(a)最常用的蒸馏装置; (b)蒸馏沸点在140℃以上的液体的蒸馏装置; (c)蒸馏大量溶剂的蒸馏装置

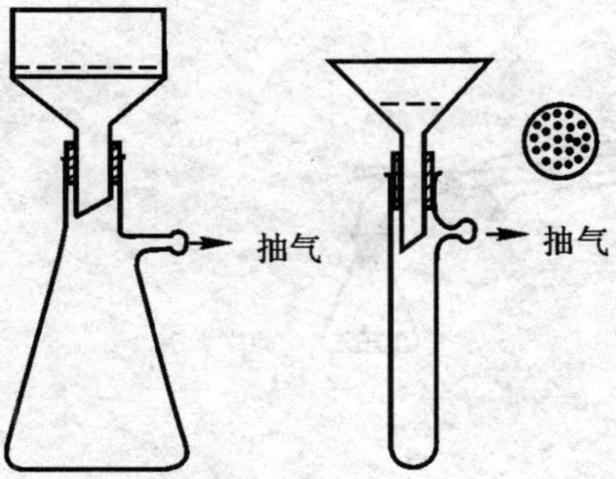

图 1.6 抽滤装置

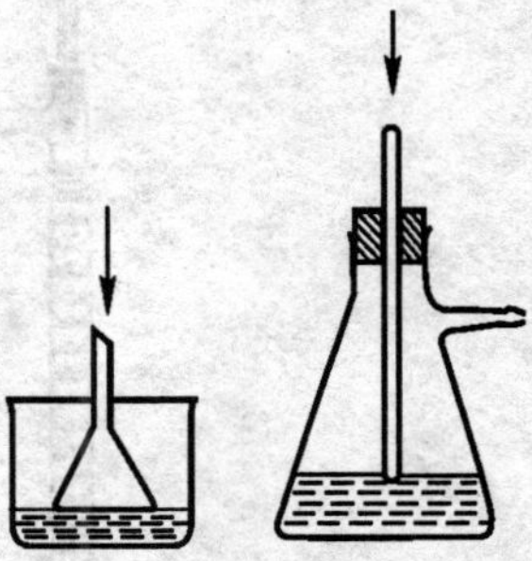

图 1.7 气体吸收装置

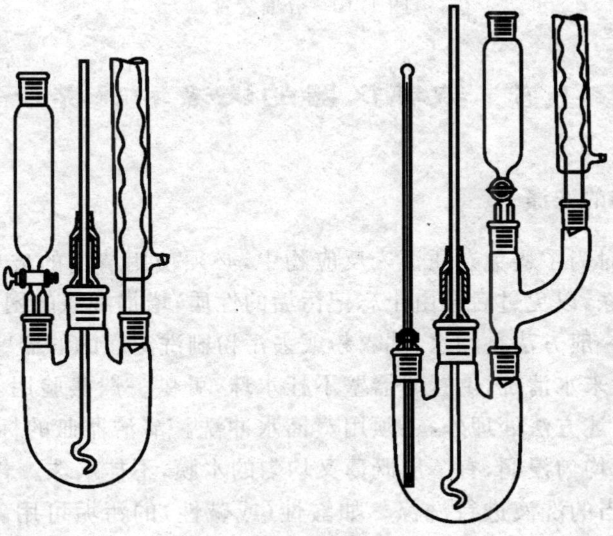

图 1.8 搅拌装置

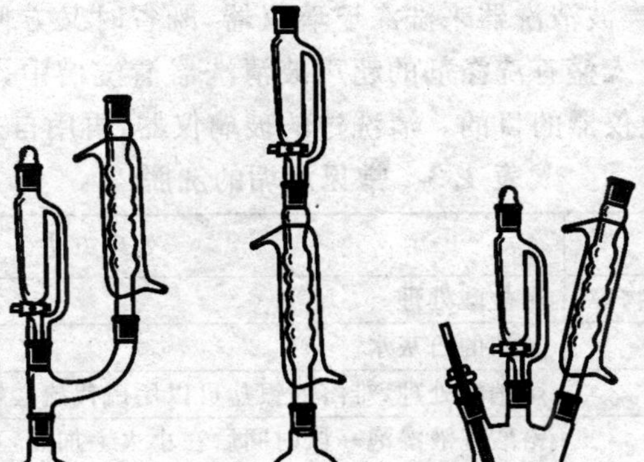

图 1.9 回流滴加装置

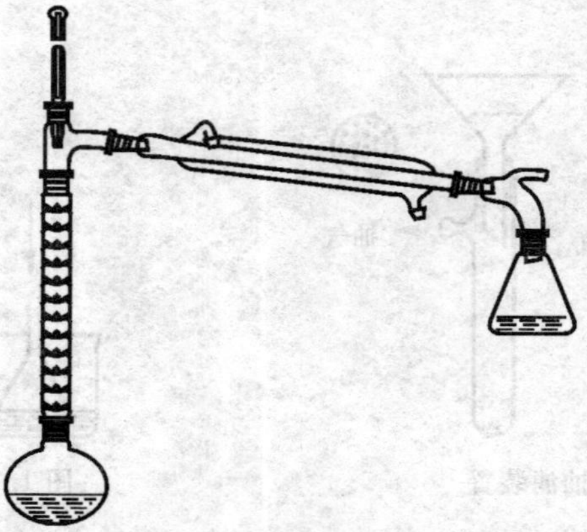

图 1.10　分馏装置

1.5　玻璃仪器的洗涤和保养

1.5.1　玻璃仪器的洗涤

在进行有机实验时为了避免杂质混入反应物中，必须使用清洁的玻璃仪器。实验用过的玻璃器皿必须立即洗涤，以免过后会由于忘记污垢的性质，增加洗涤的困难。

洗涤玻璃仪器的一般方法是用水、洗衣粉或去污粉刷洗湿润的的器壁，直至玻璃表面的污物除去为止，然后用自来水清洗，倒置时器壁不挂水珠，可供一般实验用。若用于精制或有机分析用的器皿，除用上述方法处理外，还须用蒸馏水冲洗。清洁器皿的标志是加水倒置，水随着器壁流下，内壁被水均匀浸润，有一层既薄又均匀的水膜，不挂水珠。若难于洗涤时，则可根据污垢的性质选用适当的洗液进行洗涤。如酸性（或碱性）的污垢可用碱性（或酸性）洗液洗涤；有机污垢用碱液或有机溶剂洗涤，但用腐蚀性洗液时则不能用刷子。表 1.3 为常见污垢的洗脱方法。

有机实验室中常用超声波清洗器来洗涤玻璃仪器，既省时又方便。超声波清洗器的操作方法：将用过的玻璃仪器放入盛有洗涤剂的超声波清洗器清洗槽中，接通电源，利用超声波的振动和能量，达到清洗玻璃仪器的目的。清洗过的玻璃仪器，再用自来水清洗。

表 1.3　常见污垢的洗脱

污垢的种类	处理方法
二氧化锰、碳酸盐和氢氧化物等	用盐酸处理
硫黄	煮沸的石灰水
铜或银附在器壁上	用硝酸处理，难溶的银盐可以用硫代硫酸钠溶液
少量炭化残渣	铬酸洗液浸泡一段时间后在小火上加热，直至冒出气泡，炭化残渣可被除去
油脂和一些有机物（如有机酸）	碱液和合成洗涤剂配成的浓溶液
胶状或焦油状的有机污垢	可选用丙酮、乙醚、苯等有机溶剂浸泡，要加盖以免溶剂蒸发；或用 NaOH 的乙醇溶液（有机溶剂作洗涤剂，使用后可回收）
煤焦油污迹	浓碱浸泡一段时间（约 1d），再用水冲洗

1.5.2 玻璃仪器的干燥

有机化学实验中一般需要使用干燥的仪器，因此，在每次实验后应立即把玻璃仪器洗涤干净并倒置使之干燥，以备下次实验使用。干燥玻璃仪器常用的方法有以下几种。

1. 自然风干

自然风干是把洗净的玻璃仪器放在干燥架上自然晾干。这是一种常用而简单的干燥玻璃仪器的方法，但干燥速度较慢。

2. 烘干

把玻璃仪器置于烘箱中烘干。操作时应注意：在烘箱中放置玻璃仪器时应从上层依次往下层排放；器皿口向上；带磨口玻璃塞的仪器，必须取出活塞；烘箱内的温度最好保持在100～105℃；当烘箱内的温度降至室温时，方可取出玻璃仪器。

3. 吹干

吹干是通过采用气流烘干器或电吹风快速吹干的方法干燥玻璃仪器。其操作过程是将仪器内的水尽量沥干，并用少量丙酮或乙醇荡洗后倾出，冷风吹1～2min，待大部分溶剂挥发后，再吹入热风至完全干燥为止。

1.5.3 常用仪器的保养

玻璃仪器的种类很多，用途各不相同，必须掌握它们的性能，掌握它们的保养和洗涤清洁方法，才能提高实验效果，避免不必要的损失。下面介绍几种常用的玻璃仪器的保养和清洁方法。

1. 温度计

温度计水银球部位的玻璃很薄，容易破损，使用时要特别小心。一不能将温度计当搅拌棒使用；二不能测定超过温度计刻度的温度；三不能把温度计长时间放在高温的溶剂中，否则，会使水银球变形，读数不准。温度计使用后要让它慢慢冷却，特别在测量高温之后，切不可立即用水冲洗，否则会破裂，或水银柱断裂。应将温度计悬挂在铁架上，待冷却后把它洗净擦干，放回温度计盒内。放置温度计的盒底要垫上一小块棉花。如果放置温度计的盒子是纸盒，放回温度计时要检查盒底是否完好。

2. 冷凝管

冷凝管通水后很重，所以安装冷凝管时应将夹子夹在冷凝管的重心位置，以免翻倒。洗刷冷凝管时要用特制的长毛刷。如用洗涤液或有机溶液洗涤时，则用软木塞塞住一端。冷凝管不使用时，应直立放置，使之容易干燥。冷凝管分为直形冷凝管、空气冷凝管、球形冷凝管和蛇形冷凝管。

3. 蒸馏烧瓶

蒸馏烧瓶的支管容易碰断，故无论在使用时或放置时都要特别注意保护。支管的熔接处，不能直接加热。

4. 滴液漏斗和分液漏斗

滴液漏斗是合成实验中向反应体系中滴加试剂的常用仪器。

分液漏斗主要应用于：①分离两种互不相溶而分层的液体；②从溶液中萃取某种成分；③用酸或碱洗涤产品。

使用分液漏斗前必须检查:①分液漏斗的玻璃塞和活塞有没有被棉线绑住;②玻璃塞和活塞接口是否紧密,如有漏水,应及时处理。处理时,应脱下活塞,用纸擦净活塞及活塞孔道的内壁,然后,用玻璃棒沾取少量凡士林,在活塞两边涂上一圈凡士林,注意不要抹在活塞的孔中,插上活塞,反时针旋转至透明时,即可使用。

使用分液漏斗时应注意:①不能把活塞上涂有凡士林的分液漏斗放在烘箱内烘干;②不能用手拿住分液漏斗的下端;③不能用手拿住分液漏斗进行分离液体;④上口玻璃塞打开后才能开启活塞;⑤上层的液体不要从分液漏斗下口放出。

5.砂芯漏斗

砂芯漏斗一般用于抽滤酸性介质中的固体。砂芯漏斗使用后应立即用水冲洗。难以洗净的污垢可用酸性洗液浸泡一段时间,再用水抽滤冲洗,必要时可用有机溶剂洗涤。

1.6 加热与冷却

1.6.1 加热、热源

在有机化学反应中,往往都需要加热。实验室常采用的加热源有煤气、酒精、电能等。在实验室的安全规则中规定,禁止使用明火直接加热。为了保证加热均匀,一般使用热浴间接加热的方法。作为热浴的传热介质有空气、水、有机液体、熔融的盐和金属。

1.空气浴

空气浴是利用热空气间接加热的方法,对于沸点在80℃以上的液体均可采用。把容器放在石棉网上,容器底部离开石棉网1～2 mm进行加热就是最简单的空气浴。但由于受热不均匀,不能用于回流低沸点易燃的液体或者减压蒸馏。

2.水浴

水浴是较常用的热浴方法,当加热的温度不超过100℃时,最好使用水浴加热。但是,必须强调指出,当进行金属钾或钠的操作时,决不能在水浴中进行。使用水浴时,勿使容器触及水浴器壁或其底部。如果加热温度要稍高于100 ℃,则可选用适当无机盐类的饱和水溶液作为热介质,它们的沸点列于表1.4中。水浴中应保持水面高于容器内的液面。

表1.4　一些无机盐作热浴液

盐类	饱和水溶液的沸点/℃
NaCl	109
$MgSO_4$	108
KNO_3	116
$CaCl_2$	180

3.油浴

油浴的优点是受热均匀,适用100～250℃间的加热,一般受热容器内的温度低于油浴液20℃左右。常用的油浴液及其特性如表1.5所示。

表 1.5 一些常用的油浴液及其使用注意事项

油浴液名称	使用温度/℃	注意事项
甘油	<150	温度过高就会分解
植物油:菜油、蓖麻油和花生油等	<220	若温度过高时会分解,达到闪点时可能燃烧起来。加入1%的对苯二酚可增加它们在受热时的稳定性
石蜡	<200	冷到室温时凝成固体,方便保存
硅油	<250	透明度好,安全,是目前实验室中较为常用的油浴之一

用油浴加热时,要极力防止可能产生油浴燃烧危险的因素存在。当油受热冒烟时,应立即停止加热。油浴中应挂一支温度计,用以观察油浴的温度,避免过热,便于调节火焰控制温度。油量不能过多,以免受热后溢出而引起火灾。

加热完毕取出容器时,仍用铁夹夹住容器,离开油浴液面后悬置片刻,待容器壁上附着的油滴完后,再用纸或干布擦干。

4. *砂浴*

砂浴一般是在铁盆内装有干燥的细海砂(或河沙),将加热容器半埋砂中。对沸点在80℃以上的液体可以采用砂浴,砂浴特别适用于加热温度在220℃以上的液体。但砂浴传热慢,升温很慢,且不易控制,因此,砂层要薄一点。砂浴中应插入温度计,温度计上的水银球要靠近反应器。

5. *电热套*

电热套是玻璃纤维包裹着的,电热丝织成的容器。电热套有不同的形状,具有不易引起着火和热效高的优点。加热温度可通过调压变压器控制,温度可达400℃左右,是化学实验中一种简便、安全的加热装置。

1.6.2 冷却

许多有机反应只能在低温的条件下进行,此时必须进行冷却操作。例如重氮化反应一般在0～5℃反应。沸点很低的有机物,在低温下可减少损失。加速结晶的析出、减压蒸馏用冷阱等都需要冷却。表1.6为一般常用的冷却剂。

表 1.6 常用的冷却剂体系

冷却体系	可达到的温度/℃	使用注意事项
水	室温	随着季节的不同,冷却效率变化较大
冰-水混合物	0～5	碎冰效果较好
冰-盐混合物		
冰-食盐混合物	−5～ −18	以质量比3∶1的比例在碎冰上撒上食盐
冰-六水合氯化钙混合物	−20～−40	十份六水合氯化钙结晶与7～8份碎冰混合
液氨	−33	
干冰-乙醇的混合物	−72	
干冰-乙醚、丙酮或氯仿的混合物	−78	用有机溶剂可以调节所需要的低温浴浆
液氮	−196	

液氮和干冰是两种方便而价廉的冷冻剂,这种低温恒温冷浆浴是由一个液态化合物与它的冻结状态物混合而成的平衡体系组成。其制法是在一个清洁的杜瓦瓶中注入纯的液体化合物,其量不超过容积的3/4,在良好的通风橱中缓慢地加入新取的液氮,并用一支结实的搅拌棒迅速搅拌,最后制得的冷浆稠度应类似于黏稠的麦芽。表1.7列出了可方便地制取冷浆浴的物质。

表1.7 可作低温恒温浴的化合物

化合物	冷浆浴温度/℃
乙酸乙酯	−83.6
丙二酸二乙酯	−51.5
对异戊烷	−160.0
乙酸甲酯	−98.0
乙酸乙烯酯	−100.2
乙酸正丁酯	−77.0

在低于−38℃时,不能使用水银温度计测定温度,因为水银会凝固,须使用有机液体低温温度计。

1.7 实验预习、记录和实验报告

1.7.1 预习

实验预习是有机化学实验的重要环节。为了使实验能够达到预期的效果,避免照方抓药,在实验之前必须做好充分的预习和准备。预习除了反复阅读实验内容,理解实验原理,了解有关实验步骤和注意事项外,还须在实验记录本上写好预习提纲。预习提纲包括以下内容。

(1)实验目的和要求。

(2)主反应和重要副反应的反应方程式。

(3)原料、产物、副产物和试剂的物理常数(查手册或文献等),原料用量(单位:g,mL,mol等)和规格,计算理论产量。

(4)正确而清楚地画出装置图。

(5)用自己的语言写出实验简单步骤(不是照抄教材实验内容)。

(6)列出初产品纯化过程及原理,明确各步操作的目的和要求。

(7)找出本实验的关键和相应的实验操作注意事项。

1.7.2 实验记录

1. 预习和预习笔记

为了做好实验,避免事故,在实验前必须对所要做的实验有尽可能全面和深入的认识。这些认识包括实验的目的要求,实验原理(化学反应原理和操作原理),实验所用试剂及产物的物理、化学性质及规格用量,实验所用的仪器装置,实验的操作程序和操作要领,实验中可能出现的现象和可能发生的事故等。为此,须要认真阅读实验教材的有关章节(包括理论和实际操作部分)，查阅适当的手册，做出预习笔记。预习笔记也就是实验提纲，它包括实验名称、实验目的、实验原理、主要试剂和产物的物理常数、试剂规格用量、装置示意图和操作步骤。在操作步骤的每一步后面都须留出适当的空白，以供实验时作记录之用。

2. 实验记录

实验记录本应是一专用的笔记本，其目的是培养学生严谨的科学素养和态度。实验中学生应仔细观察，如实记录原料用量、实验操作步骤、反应体系温度变化、实验现象包括原料的颜色变化、结晶和沉淀的产生或消失、气体的产生或吸收、主产物和副产物的收率、测定的各种数据等内容。实验结束后，将实验记录本交老师签字。可按照下列格式作实验记录：

(1)空出实验记录本头几页，留作编目用。

(2)把实验记录本编好页码。

(3)每做一个实验，应从新的一页开始。

(4)在实验记录本上，应记录主要和关键的实验操作和实验现象：试剂的规格和用量，仪器的名称、规格，实验日期，实验起止时间，实验现象和数据等。

(5)在实验过程中应认真操作，仔细观察，勤于思索，同时应将观察到的实验现象及测得的各种数据及时真实地记录下来。记录必须完整，做到简明而清楚，不仅自己现在能看懂，甚至几年后也能看懂，而且他人也能看明白。如漏记了某些关键的细节，日后难以查找，就将造成难以补救的损失。由于是边实验边记录，可能时间仓促，故记录应简明准确，可用各种符号代替文字叙述。例如，用“△”表示加热，“＋NaOH sol”表示加入氢氧化钠溶液，“↓”表示沉淀生成，“↑”表示气体放出，“sec”表示“秒”，“T↑60℃”表示温度上升到60℃，等等。

1.7.3 实验报告

实验报告是整个实验的一个重要组成部分，是对实验的总结，是分析问题和知识理性化的必要步骤，有利于培养学生撰写科学论文的能力。实验报告应包括以下内容。

(1)实验题目。

(2)实验目的。

(3)反应式。

主反应：

副反应：

(4)主要试剂及产物的物理常数。

(5)仪器装置图。

(6)实验步骤(真实实验步骤的描述，不应照抄教材)和现象记录。

(7)产品外观和物理常数(沸点、熔点、折光率等)、质量、产率。

(8)讨论(失败的实验操作，更要仔细分析失败的原因)。

1.8 手册的查阅及常用参考书、文献简介

有机化学实验看起来涉及的主要是有机化学的知识，但实际上它所应用的知识涉及化学的方方面面，而且还要不断了解、掌握、运用和发现有关新知识。因此，要做好有机化学实验，必须经常查阅有关手册和文献，尤其是有机化学方面的文献。

有关有机化学的文献资料非常多，本书分工具书、期刊杂志、化学文摘和网上资源等 4 部分作简单介绍。如果需要了解详细的文献查阅知识，可参考有关专门的书籍。

1.8.1 工具书和常用参考书

1.《化工辞典》(第四版)

《化工辞典》由王箴主编，化学工业出版社，2000 年出版。该书自 1969 年第一版与读者见面以来，至今已经历了 30 多个春秋。这期间，该书经三次再版，多次重印。每次重印时都作了少量的修改，以使辞典所反映的内容能跟上时代的步伐。第四版修订的重点是力求反映近 10 年来，尤其是改革开放以来我国化工领域的新进展和新成果。对许多概念、化工产品、生产方法、机械设备等内容都进行了更新，尤其对有关材料、环境保护、精细化工、生化、医药、化工设备及元素等方面内容进行了全面、系统性的调整。本次修订再版增加了新词目 2 400 余条，删除过于陈旧的词目 400 余条。对原有词目的内容也作了相应的更新及修改。经过修订后的《化工辞典》(第四版)共收 16 000 余词条，列出了物质的分子式、结构式、基本的物理化学性质、相对密度、熔点、沸点和溶解度等数据，并附有简要的制备方法和用途说明。该书内容按汉字笔画顺序排列，书首附有“汉语拼音检字表”，以便查阅。

2.《化学化工药学大辞典》

《化学化工药学大辞典》是由黄天宇编译，台湾大学图书公司 1982 年出版。这是一本关于化学、医药及化工方面较新、较全的工具书。该书取材广泛，收录近万个化学、医药及化工等常用物质，采用英文名称按字母顺序排列。每一名词自成一个独立单元，其内容包括组成、结构、制法、性质、用途(含药效)及参考文献等。本书取材新颖，叙述详细。书末附有 600 多个有机人名反应。

3. *Aldrich*

Aldrich 是由美国 Aldrich 化学试剂公司出版。这是一本化学试剂目录，它收集了 18 000 多个化合物。一个化合物作为一个条目，列出了化合物的相对分子量、分子式、沸点、熔点等数据，较复杂的化合物还附有结构式，并给出了该化合物核磁共振谱和红外光谱谱图及出处。书后附有分子式索引。每年出版一本新本。

4. *The Merk Index*

该书类似于化工辞典，但较为详细。它收录了近万种化合物的性质、制备方法、毒性和用途等。化合物按名称字母的顺序排列，冠有流水号，指出了最初发表论文的作者和出处，同时将有关这个反应的综述性文献资料的出处一并列出，便于进一步查阅。卷末有分子式索引和主题索引。

5. *Handbook of Chemistry and Physics*

这是一部英文版的化学与物理手册，应用很广，是一本常用的参考书；1913 年第一版出版；从 20 世纪 50 年代起，几乎每年再版一次，2006 年已经出到 87 版，主编是 Robert, C., Weast, Ph. D.；内容分六个方面：

(1)数学用表：例如，基本数学公式、度量衡的换算等；

(2)元素和无机化合物；

(3)有机化合物；

(4)普通化学：包括二组分和三组分恒沸点混合物、热力学常数、缓冲溶液的 pH 值等；

(5)普通物理常数；

(6)其他。

在“有机化合物”这部分辑录了1979年国际纯粹和应用化学联合会制定的化合物的命名原则。列出了14 943个常见有机化合物的名称、别名和分子式、相对分子质量、颜色、结晶形状、比旋光度和紫外吸收、熔点、沸点、相对密度、折光率、溶解度等物理常数和参考文献。化合物按照它的英文名称的字母顺序排列。查阅时，首先要知道化合物的英文名称和归属的类别。例如，要查阅邻苯二甲酸酐的常数时，可从它的英文名称 Phthalic acid anhydride 进行查阅。凡属衍生物的化合物，大多列在母体化合物的项下。

如果不知道化合物的英文名称，在有机化合物物理常数表后面，有分子式索引(Formula Index)。它按碳、氢数目的顺序而其他元素符号按英文字母的顺序排列(如 $C_8H_{12}ClNO$)。由于有机化合物的同分异构现象，在分子式的下面常有许多个编号，须逐一去查，看哪一条是所需要的化合物。

6. *Dictionary of Organic Compounds*

该书收集常见的有机化合物近17 000条，在保留原有化合物的组成、分子式、结构式、来源、性状、物理常数、化合物性质及其衍生物等的基础上，增加了手性化合物、有机硫、有机磷和天然产物等内容，并给出了制备这些化合物的主要文献资料。各化合物按名称的英文字母顺序排列。该书已有中文译本《汉译海氏有机化合物辞典》出版。中文译本仍按化合物英文名称的字母顺序排列，在英文名称后面附有中文名称。因此，在使用中文译本时，仍然需要知道化合物的英文名称。

7. *Handbuch der Organischen Chemie*

这本有机化学工具书是由 Beilstein F. K. 主编，因此也常称这本书为“Beilstein”。它是目前资料收集最为齐全的有机化学工具书。这本书从1862年开始，经过20年至1882年写成第一版，分成二卷；1885－1889年写成第二版，它分成3卷；1892－1899年写成第三版，分成4卷；以后这一工作由 B. Prager 和 P. Jakobson 继续主编，共分27卷，1919－1938年出齐，包括了1910年1月1日以前的全部主要资料。后来又由 F. Richter 主编了第28,29二卷索引以及30,31二卷，此31卷总称为正编(Haüptwerk)，后来又出了三套补编。

第一补编(Erstes Erganzungswerk)共27卷，1928－1938年出齐，包括1919年底以前的文献资料。

第二补编(Zweites Erganzungswerk)共29卷，分成31册，1945－1957年出齐，包括1929年底以前的资料。

第三补编(Drittes Erganzungswerk)：由1958年开始出版，包括1930－1949年底以前的文献资料。

该书有严格的编排原则，最简单的查阅方法是由分子式索引来查，查阅时先写出该化合物的分子式，式中的元素按下列次序排列：C, H, O, N, Cl, Br, I, F, S, P, Ag, …, Zr(Ag, …, Zr 按字母顺序排列)。然后在总的分子式索引(包括正编，第一、第二补编的资料)中去找这一分子式，再找这一分子式的化学名称，在该化合物名称后面，注有它在正编、第一或第二补编中所在的卷数及页数。此外，也可从主题索引中查到。

8. *Organic Synthesis*

该书最初由 R. Adames 和 H. Gilman 主编，后由 A. H. Blatt 担任主编，于1921年开始

出版，每年一卷，到1996年为75卷。该书主要介绍各种有机化合物的制备方法，也介绍了一些有用的无机试剂制备方法。书中对一些特殊的仪器、装置往往是同时用文字和图形来说明。书中对所列的实验步骤叙述得非常详细，并有附注介绍作者的经验及注意点。书中每个实验步骤都经过其他人的核对，因此内容成熟可靠，是有机制备的良好参考书。该书每10卷有合订本(Collective Volume)，卷末附有分子式、反应类型、化合物类型、主题等索引。

9. *Organic Reactions*

该书由R. Adams主编。自1942年开始出版，刊期并不固定，约为一年半出一卷。1992年已出42卷。该书主要介绍有机化学中有理论价值和实际意义的反应。书中对有机反应的机理、应用范围、反应条件等都作了详尽的讨论。卷末有以前各卷的作者索引和章节及题目索引。

10. *Reagents for Organic Synthesis*

该书由L. F. Fieser和M. Fieser编写。这是一本关于有机合成试剂的书籍，书中收集面很广。每个试剂按英文名称的字母顺序排列。该书对入选的每个试剂都介绍了化学结构、相对分子质量、物理常数、制备和纯化方法、合成方面的应用等，并提出了主要的原始资料以备进一步查考。每卷卷末附有反应类型、化合物类型、合成目标物、作者和试剂等索引。至1990年该书已出版到第15卷。

11. *Synthetic Method of Organic Chemistry*

该书由A. F. Finch主编，是一本年鉴。第一卷出版于1942—1944年，当时由M. Theilheimer主编，所以现在该书叫*Theilheimer's Method of Organic Chemistry*。每年出一卷。1991年出版到第49卷。该书收集了生成各种键的较新及较有价值的方法。卷末附有主题索引和分子式索引。

12.《有机化学实验》(第二版)

《有机化学实验》(第二版)是由王清廉等主编，高等教育出版社1994年出版。该书分5个部分。第一部分为有机化学的一般知识；第二部分为有机化合物的物理性质及结构鉴定；第三部分为有机化合物的分离和提纯，列入了12个实验基本操作训练内容；第四部分为有机化合物的制备，共列入了75个实验；第五部分为有机化合物的鉴定。书末附有一些常用的数据表及有关知识。

13.《有机化学实验》(第三版)

《有机化学实验》(第三版)是由曾昭琼等主编，高等教育出版社2000年出版。该书内容分五部分阐述，含有机实验一般知识、基本操作和实验技术、有机物制备及性质实验和理论实验，实验后有注释和问题，书后附有各类实验参考文献，以便查阅。

14.《有机化学实验》

《有机化学实验》是由李兆陇等编，清华大学出版社2000年出版。该书分为有机化学实验一般知识和有机化合物合成实验两大部分，有机化合物合成实验列入67个，包含了常量实验、半微量实验和少量微量实验操作步骤。

15.《有机化学实验》

《有机化学实验》是由焦家俊编著，上海交通大学出版社2000年出版。全书分为三个部分：第一部分为反应与制备，包括卤化反应、磺化反应、硝化反应、傅-克反应、氧化反应、还原反应、酯化反应、格氏反应、斯克劳普反应、鲁卡特反应以及天然产物的提取和金属有机化合物的合成;第二部分为特殊技术与合成,包括有机电解合成、相转移催化合成、光化学合成、高压反应;第三部分为实验基本技术,包括蒸馏、分馏、水蒸气蒸馏、熔点测定、沸点测定、重结晶、萃取、升华、色谱法、折光率的测定、旋光度的测定、核磁共振谱、红外光谱、无水无氧操作技术、加热、制冷及干燥技术。

16.《有机化学实验》

《有机化学实验》是由王福来编著,武汉大学出版社 2001 年出版。该书包括八章:第一章是有机化学实验常识;第二章是有机化学实验中的操作理论;第三章是有机化学实验中的基本装置和基本操作;第四章是波谱技术简介;第五章是简单制备实验;第六章是连续合成实验;第七章是微型有机化学实验;第八章是有机化合物的定性鉴定。全书按照由易到难、循序渐进的认识规律进行编排,特辟了“微型有机化学实验”专章,重点介绍了微型有机化学实验的常用装置和操作方法。除经典实验之外,该书还收入了相当数量的新实验。

17.《有机化学实验》(第 2 版)

《有机化学实验》(第 2 版)是由北京大学化学学院有机化学研究所编,2002 年出版。全书分成 6 章,其内容有有机化学实验的基本知识和操作(第 1 章);有机化合物的物理性质及其测定方法(第 2 章);有机化合物的分离和提纯(第 3 章),并在其中列入相应的练习实验;光谱法鉴定有机化合物结构(第 4 章);有机合成与制备(第 5 章);有机化合物的定性鉴定(第 6 章)。为满足研究应用的需要,全书在最后的附录中提供了 30 种特殊试剂与常用溶剂的纯化及使用方法和有机化学实验仪器及装置等相关知识的介绍。

18. *Organic Experiments*

Organic Experiments 是由 L. F. Fieser, K. L. Williamson 主编,Heath and Company 1983 年出版。该书的第一版于 1935 年出版,当时书名为 *Organic Chemistry Experiments*,这一名称一直沿用到 1941 年的第二版,从 1964 年起改为 *Organic Experiments*。1964 年作者对此书的第三版进行了修订,由于与原书有较大的变化,故改用 *Organic Experiments* 的书名。与前者相比,它增加了不少新的反应和技术,例如,Wittig 反应、苯炔反应、卡宾反应、催化氢化、高温及低温下的二烯合成、薄层色谱和利用笼包纳合物的分离等。该书的第三版已译成中文。

1.8.2 化学期刊杂志

目前世界各国出版的有关化学的期刊杂志有近万种,直接的原始性化学杂志也有上千种,在这里仅介绍主要的中外文杂志和美国化学文摘。

1. 中文期刊

(1)《中国科学》,月刊(1951 年创刊)。该期刊英文名为 *Scientia Sinica*,原为英文版,自 1972 年开始出中文和英文两种文字版本;刊登我国自然科学领域中的研究成果,中国科学分为 A,B 两辑,B 辑主要包括化学、生物科学、地学方面的学术论文。

(2)《科学通报》,半月刊(1950 年创刊)。它是自然科学综合性学术刊物,有中、外文两种版本。

(3)《化学学报》,月刊(1933 年至今),原名《中国化学会会志》,主要刊登化学方面有创造性的、高水平的和有重要意义的学术论文。

(4)《高等学校化学学报》,月刊(1980 年至今)。它是化学学科综合性学术期刊,除重点报道我国高校师生创造性的研究成果外，也刊登我国化学学科其他各方面研究人员的最新研究成果。

(5)《无机化学学报》，双月刊，刊登无机化学方面的主要研究成果等。

(6)《有机化学》，双月刊(1981 年至今)，刊登有机化学方面的主要研究成果等。

(7)《催化学报》，双月刊，刊登催化化学方面的主要研究成果等。

(8)《化学通报》，月刊(1952—1966 年，1973 年至今)，以报道知识介绍、专论、教学经验交流等为主，也有研究工作报道。

(9)《大学化学》，双月刊(1986 年至今)，刊登化学教育中重要课题的研讨，交流教学改革经验，报道化学学科及相关学科研究的新知识、新技术。

(10)《化学教育》，月刊(1980 年至今)，刊登化学教学改革动态，化学教育教学经验和化学学科的新成就。

2. 外文文献

表 1.8 中列出了在国际上具有影响力的并与化学有关的外文期刊杂志。

表 1.8　国外与化学有关的杂志

杂志名	承办单位	卷、期数	涉及领域
J. Chem. Soc.	英国化学会	月刊，1962 年起取消了卷号，按公元纪元编排	(1) Dolton Transactions：刊载无机化学、物理化学及理论化学方面的文章。 (2) Perkin Transactions Ⅰ：有机和生物有机化学；Ⅱ：物理有机化学。 (3) Faraday Transactions Ⅰ：物理化学；Ⅱ：化学物理。 (4) Chemical Communication：快报性质
Chemical Society Reviews	英国化学会	季刊	刊载化学方面的评述性文章
J. Am. Chem. Soc.	美国化学会	双周期刊	涉及无机化学、有机化学，生物化学、物理化学、高分子化学的领域
J. Org. Chem.	美国化学会	月刊	刊载有机化学方面的研究论文
Chem. Rev.	美国化学会	双月刊	主要刊载化学领域中的专题及发展近况的评论，涉及无机化学、有机化学、物理化学等方面的内容
Ber.	德国化学会	双月刊	内容以有机化学方面为主，也涉及一些无机化学和物理化学方面的内容
Ann.	德国化学会	不定期	内容以有机化学方面为主，也涉及其他化学方面的内容
Angew. Chem.	德国化学会	半月刊	有机化学方面的内容占刊物的很大篇幅

续 表

杂志名	承办单位	卷、期数	涉及领域
Tetrahedron	国际性杂志	半月刊	迅速发表有机化学方面的研究工作和评论性综述文章
Tetrahedron Letters	国际性杂志		迅速发表有机化学方面的初步研究工作
Syntheses	国际性杂志		主要刊载有机化学合成方面的论文
J. Organomet. Chem. Organic Preparation and	国际性杂志		主要刊载有机配合物合成方面的论文
Procedures nternational (OPPI)	国际性杂志	双月刊	主要刊载有机制备方面最新成就的论文和短评，也包括无机试剂的制备、光化学合成及化学动力学测定用新设备等

1.8.3 化学文摘

据报道，目前世界上每年发表的化学、化工文献达几十万篇，如何将如此大量、分散的各种不同文字的文献加以收集、摘录、分类、整理，使其便于查阅，这是一项十分重要的工作。化学文摘就是处理这种工作的杂志。美国、德国、俄罗斯、日本等都有文摘性刊物，其中，美国化学文摘最为重要。

《美国化学文摘》(Chemical Abstracts)简称为CA，创刊于1907年，是一套权威性的检索工具书，在当今世界上享有盛誉，是打开世界化学化工知识宝库的一把"金钥匙"。自1962年起每年出二卷。自1967年上半年即67卷开始，每逢单期号刊载生化类和有机化学类的内容；而逢双期号刊载大分子类、应化与化工、物化与分析化学类的内容。

CA包括两部分内容：①从资料来源刊物上将一篇文章按一定格式缩减为一篇文摘。再按索引词字母顺序编排，或给出该文摘所在的页码或给出它在第一卷栏数及段落。现在发展成一篇文摘占有一条顺序编号。②索引部分，其目的是用最简便、最科学的方法，既全又快地找到所需资料的摘要，若有必要再从摘要列出的来源寻找原始文献。CA的优点在于从各方面编制的如主题索引、作者索引、分子式索引、专利索引等各种索引，使读者省时、全面地找到所需要的资料。因此，掌握各种索引的检索方法是查阅CA的关键。

1.8.4 网上资源

随着网络技术的迅速发展，网上的化学资源也日益丰富，使用起来也越来越方便。一般只要对网络知识有一定的了解，从网上查找有关化学资料是非常方便、迅速的。这里对有关内容作简单的介绍。

(1)ChIN网页(http://chin.icm.ac.cn)是在联合国科教文组织和国家基金委的支持下，由中国科学院化工冶金研究所计算机化学开放实验室为国际化学信息网ChIN建立的Web主页。ChIN网页从1996年年底开始建立，重点对Internet上的化学资源进行系统的索引和组织。其近期的目标是帮助化学家获取Internet上已有的重要化学信息资源并反映化学与

Internet 相关领域的最新进展;远期目标是成为化学信息资源咨询的基本工具。到 1999 年 3 月,ChIN 网页对 Internet 化学资源进行了分类。在 ChIN 网页的化学数据库目录中,已经有选择地链接了约 100 个可以免费访问的各种化学数据库,其中有些数据库是非常规范的具有专业水准的数据库,如美国国家标准与技术研究院的物性数据库 Chemistry Web Book。表 1.9列出了一些比较著名的免费的化学数据库。

表 1.9 一些比较著名的免费的化学数据库

网址	承办单位	涉及内容
http://www.ncbi.nlm.nih.gov/PubMed/	美国国立医学图书馆	医学文献数据库,其中包括了化学品和药物方面的文献
http://webbook.nist.gov/chemistry/	美国国家标准与技术研究院	化合物的物性数据库
http://chemfinder.camsoft.com	CambridgeSoft 公司	化合物的数量已超过 75 000 个,它不仅是一个物性数据库,更重要的是,它建立了与 Internet 上其他节点(1999 年已超过 350 个)的索引

(2)高校图书馆网站。例如,http://lib.njut.edu.cn; http://www.libtsinghua.edu.cn; http//www.lib.seu.edu.cn; http//www.lib.ecust.edu.cn 等。进入有关学校的图书馆网站可以查阅中国期刊网的有关资料,绝大多数中国期刊都上了"中国期刊网",对有关期刊可从主题词、作者、期刊名称等方面查找。此外有关网络上还提供了 CA 检索功能,如 http://lib.njut.edu.cn 提供了 CA 光盘检索服务功能。

(3)中国国家图书馆:http//www.nlc.gov.cn。

(4)化学信息网:http//chin.csdl.ac.cn。提供了"Internet 重要化学化工资源导航",可以说覆盖了目前网上所有的化学化工资源。

(5)万方数据资源系统:http//www.wanfangdata.com.cn。可查阅期刊,包括基础科学、农业科学、人文科学、医药卫生和工业技术等众多领域的期刊。可查数据库,包括企业与产品、专业文献、期刊会议、学位论文、科技成果、中国专利等。

(6)专利文献:http//www.patents.ibm.com。

(7)SciFinder Scholar。SciFinder Scholar 是美国化学会所属的化学文摘服务社 CAS (Chemical Abstract Service)出版的化学资料电子数据库学术版。它是全世界最大、最全面的化学和科学信息数据库。如前所述,《化学文摘》(CA)是涉及学科领域最广,收集文献类型最全,提供检索途径最多,部卷也最为庞大的一部著名的世界性检索工具。

CA 网络版 SciFinder Scholar,整合了 Medline 医学数据库、欧洲和美国等 30 几家专利机构的全文专利资料,以及化学文摘 1907 年至今的所有内容。涵盖的学科包括应用化学、化学工程、普通化学、物理、生物学、生命科学、医学、聚合体学、材料学、地质学、食品科学和农学等诸多领域。

网上的文献资源数不胜数,这里不一一列举。只要多上网,根据以上网址就很容易查找到相关网站及资料。注意:SciFinder 和 Beilstein 需要有关单位购买相关的使用许可权才可使用。

1.9 关于设计性实验及新产品设计

1.9.1 设计性实验

有机化学实验中的多数题目是在前人科学研究的基础上经过归纳总结、简化而逐渐成形的,所以有机化学实验与科学研究之间没有不可逾越的鸿沟,在设计思路、合成方法与原理上基本类同,只是在具体实验过程、步骤等具体内容上作了某些改变,以适应教学实验的条件和满足教学的需要。因此,学会有机化学实验的设计和实验方法对于学生做毕业论文,或从事科学研究工作是十分必要的。为了培养这方面的能力,本书安排了一定数量的设计性实验,使学生有机会在实践中学习一些实验设计的常识和方法。学生在开展这方面工作时,应把握以下几点。

1.设计程序

(1)认真研究题目的内容和要求,包括题目所属的范畴、原理、难点是什么,主要影响因素有哪些等。

(2)进行调研工作,查阅有关的文献资料,对前人用过的实验方法、原理、仪器装置等进行分析、对比、归纳综合。

(3)对实验的整体方案与某些难点的局部的方案,进行初步的设想和规划并写出预习报告。

2.设计方法

(1)首先根据题目内容与要求,选择合适的实验原理和方法。可以从前人已做过的工作中选择,也可以在前人研究的基础上,提出新的实验原理和方法,或者将前人的实验方案作些改进。当然如能取各家之长,重新设计更完善的实验方案,则效果更好。设计性化学实验应遵循4个基本要求:科学性(即实验原理、操作程序和方法必须正确)、安全性(即用药及操作要注意安全,注意环境保护等问题)、可行性(要满足现有的实验条件)、简约性(装置简单,步骤少,药品用量少,时间较短等)。

(2)选择合适的实验装置。在确定实验设备时,要根据实验原理,并且考虑实验室现有条件,选择合适的实验仪器和装置。实验装置要尽可能简便,容易操作与搭建。

(3)确定实验步骤。根据实验原理及装置,确定正确的操作步骤。

(4)反复实验,不断改进。实验方案是否可行,最后要通过实验来验证。要及时观察并记录实验现象,如果在实验中发现问题,要善于总结失败的经验教训,不怕困难,在反复实验中不断改进,不断优化与完善,直到取得满意的结果。

总之,实验设计的原则应体现科学观念、实践观念和经济观念。所设计的实验应力求简便易行、安全环保、节约快捷、效果显著。

3.实验方案

完整的实验方案包括以下内容:①实验名称;②实验目的;③实验原理;④实验用品(仪器、药品及规格);⑤实验步骤(包括实验仪器装配和操作);⑥实验现象记录及结论;⑦问题和讨论。

实验方案设计的模型及主要内容可以用图 1.11 简要说明。

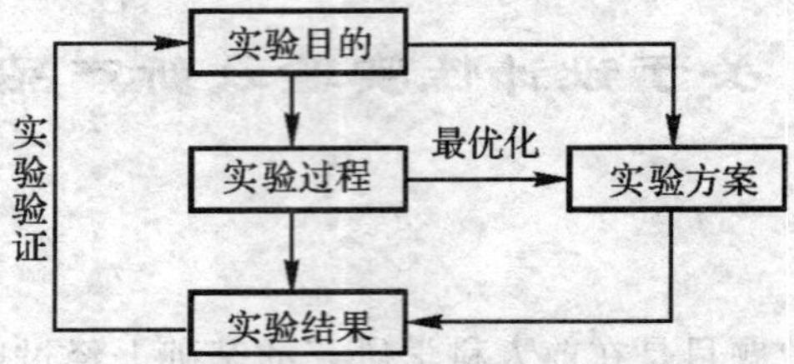

图 1.11 实验方案设计的模型及主要内容

1.9.2 产品设计

下面再简单介绍一下新产品设计的过程及所应遵循的原则。这个过程及应遵循的原则也适用于设计性实验。

新产品设计是将消费者的需求转化为商品的过程。这个过程的实施先于过程设计,它对于特殊化学品而言特别有价值。许多产品的设计过程是复杂的,每个具体的产品设计流程差异也较大,因产品所属领域不同而各有特性。

产品设计过程有以下几个步骤:

1. 需求调查

诠释用户需求所采用的方法涉及如下 3 个步骤:

(1)用户调查。在用户调查时最好采用面对面调查,也可以采用焦点座谈和专家评估的方法。被调查时的人数一定要达到足够的数量,如低于 10 个,可能会疏漏重要的信息,而多于 50 个时,并不能增加更多的信息,最好是 15 个。调查人员的组成要有代表性,特别要有一些对产品方面具有丰富经验,经常对产品进行一些小改进的人员。调查之前,需要决定要从调查中获得哪些与产品利益相关的信息。做到这一点的最好方式,是请产品开发核心成员每人写出项目范围,产品的目标市场及关键商业目标,根据这些内容再归纳出要调查的信息。调查时要特别注意不宜急于下结论而导致对产品功能需求的认识不全面,设计人员也不能有对被调查人员进行暗示等急于确认潜在的新产品或发现改进现有产品途径的倾向。

(2)详细记录每个被调查人员的需求。这些需求通常是一个杂乱无章的观点的集合,不同观点之间或相互重复或互不相关,所以需要将调查结果进行归纳整理,形成一个有说服力的需求目录。在这个过程中,我们应舍弃一些需求,最终归纳出有前景的用户的需求。需求可分为基本的、期望的和有益的不同层次。所开发的新产品必须要满足基本的需求,尽量满足许多期望的需求,尽最大可能满足有益的需求。对需求进行分类和评估可采用不同的方法,方法的选择取决于我们的目标是改进现有产品还是发明新产品。对于第一类,需要了解现有产品是如何使用的;如果是第二类,则从目标市场或产品功能的角度来对产品需求进行分类。

(3)将调查结果转化成定量的产品规格。在调查中获得的需求信息通常是以定性的形式来描述的,既包括细微的产品改进,也包括不现实的产品梦想。需要将这些描述转化成定量的产品规格(即技术性能指标),这样才有利于设计人员进行设计。

制订产品规格可以采用如下步骤:

(1)完整地写出产品生产过程中所涉及的化学步骤的反应方程式。有时,由于对所开发的产品的认识不足,要完成这一步较为困难,但都要尽量去完成,只有这样才能使设计有理论上的指导。

(2)对与产品使用有关的重要过程进行质量和能量的衡算,一般可采用最简单的近似解。这样可以预测系统体积的最大变化,或者绝热反应后系统最终的温度,或者其他过程的规模。

(3)预估产品生产过程的重要步骤的速率。

通过这三个步骤,可以得到初步的产品规格。但这里可能存在明显的缺陷或是不现实的地方,比如需要使用格外昂贵的材料,或使用极高的流量或极高的浓度,或使用不存在的元素。这些缺陷或不足意味着必须修订产品规格,严重时甚至要放弃该产品的开发。

在制订产品规格时,可以参考已有产品的性质。但如果开发的是一种新产品,市场上尚无同类产品,此时,可以参考那些与目标产品的工作方式类似,但所依据的化学原理或功能不同的产品,这些产品的性能会极大地帮助制订新产品合理的规格。

2.方案设计及选择

一个产品的开发一般需要设计多种方案,通常 20 到 200 个设计方案才能产生一个目标产品。因此,需要从众多的方案中选择一个最好的方案,也即成功希望最大的方案。

设计方案是由以下 3 个渠道产生:①开发人员的讨论、研究甚至争吵中产生;②产品的潜在用户;③从各种文献中寻找方案。专利的描述一般是不全面,但可以从专利中寻找解决问题的策略。在设计方案时,要鼓励研发人员创新,一些看似怪诞的想法,也可能使研发人员迸发出灵感的火花。

在设计一个全新产品的方案时,由于不知道目标化合物是什么,也没有可供参考的基准物质,这时可以使用以下的化学方法来产生设计方案。

(1)天然产品筛选。寻找新的化学方案的第一个途径是从自然界中搜寻可以满足需求的天然产品中获取。它有如下的方法。

1)如果活性成分很贵,或者无法人工合成,就需要直接从生物体内分离获取。

2)可以先从天然产品中提取出前体,然后在此基础上进一步合成出更加复杂的分子。

3)首先将天然产品中的活性成分定性,然后以其为模板用化学方法合成出具有同样结构或者相似结构的化学产品。

(2)随机分子组装。在这种方法中,对希望制取的化合物的分子类型有模糊的设想而不确切知道其化学结构。可以根本不考虑反应的机理,只要简单地将分子碎片组合在一起,一旦确认碎片可以结合在一起,就可以想方设法确定出一个成分是有效的,然后才去确定有效活性化合物的结构。

(3)组合化学。组合化学的核心思想是确定出所有可能的活性组分或者分子碎片,以所有可能的组合方式让它们组合,然后对所有的组合进行测试,根据测试结果就能确定活性成分。在这个过程中,需要通过合适的方法,使组合方式的数量尽量降低,并且要考虑到各种因素的影响,对于复杂的体系更应如此,否则工作量巨大。

对于众多的方案,首先要初步筛选成功可能性较大的方案。有很多可能的策略可供进行产品设计方案的筛选。筛选时一般应考虑以下几个方面。

1)科技成熟度。方案应建立在已经具有和掌握的科技知识的基础上。

2)工程上容易实现。应优先选择能够直接在现有生产装置上实现生产的方案。

3)风险最小。从各个方面衡量,选择的方案成功的机会应较大。

4)低成本。需要估计各种方案的相对成本。

5)安全性。要确认与基准物质相比,哪些方案本质上更安全,或者更危险。

6)对环境污染小。

在初步遴选基础上,进一步选择方案,使方案数达到5个或更少以供进一步研发。在选择这些少数产品方案时,我们有两种不同的情形,第一种情形,仅用化学和工程方面的知识判据就能对产品进行比较;第二种情形,不仅要在技术的基础上进行比较,还必须要用非确切的判据(主要是一些主观的判据,比如舒适度和安全性等)来进行比较。

第一种情形,可以根据专业知识对产品进行判断。对化学而言,主要是运用热力学和动力学等方面的知识对产品进行判断,即产品开发中涉及的化学反应要符合热力学原理;反应速率要达到一定数值。如果新产品仅仅是对现有产品的改进,包括成分替代或功效提高,那么这些改进经常是以热力学为基础的。

1)成分替代。成分替代是指可采用实验的方法来进行原有产品中某种成分的替代。例如,寻找更不易挥发、毒性更低的溶剂。成分替代通常应该能够再现原有产品的特性,此外还要求具备安全、廉价等附加优势。

2)成分改进。成分改进是指使用更好的成分来改进产品。如果某成分的某些性质随温度或 pH 值的变化特别强烈,就能够应用这些参数作为产品的化学"启动器"。最常见的情形是产品的性质随温度有明显的变化。

热力学研究的是过程的可能性,而动力学研究的则是过程的速率,也就是过程的成本。要通过实验测定化学反应速率以及传热与传质系数,根据这些参数可以估算出产品的经济成本。

在对方案作最终决策时,主观的判断是必要的。但是主观判断通常是含糊的,并且只是一些定性的描述。此时要注意以下方面。

1)使用独立的判据。

2)避免重复。在很大程度上,必须对每一项判断进行严格的界定。

3)判据一定要全面,必须包含产品对用户来说所有非常重要的因素。

4)可以通过一定的方法,如层次分析法等,对每个判断赋予权重,然后对各方案进行打分,从中选择最后少数几个合理的方案。

进行产品选择时,通常需要在差异很大的候选产品之间作比较。在某些情形下,不同的产品是以略微不同的方式去实现相同的目标,这时作出方案的选择相对容易。而在其他情形下,由于主观因素和客观因素交织在一起,使得产品选择复杂化。此时必须估计出这些因素的相对重要性,然后在各种因素间找出平衡点。由于不可能对各种因素认识得十分清楚,所以这个过程存在一定的风险,也即在选择产品的同时就承担了风险。对于风险,一是应该能判断它的严重性,即对产品会带来的影响程度;二是要尽力减少风险。

判断风险的严重性,就需要对风险进行评价,这个过程通常包括3个步骤:①必须确定所有的风险并对其分类;②必须决定考察这些风险的大小是否可以用工程的手段来计算,抑或只是增加这些风险的不确定性;③必须从费用和时间的角度对所有的可能风险进行比较。经过这3个步骤后,才有可能确定风险出现的概率及其后果,并且进行量化,利于风险的控制。

在确定并量化了风险及其可能的后果之后,就必须找出合适的应对措施以降低风险。一般有两种选择。

1)在进一步研发之前设法降低风险,这是风险管理中传统的做法。此时需要考虑若干个不同的方案,以便确定最有效的方法。此法速度慢,成本高,特别是对更强调研发速度的新产品的开发过程更是如此。

2)接受这些风险,继续研发。但此时要加强风险管理,不能让风险继续扩大。可以采用以下的方法来降低风险:一是高风险时,保持低投资,等待风险降低时再增加投资;二是将风险分段,并且预设如果风险过大,应该在哪一阶段终止计划的约定或条件。

3. 产品生产

经过上述努力之后,将会选出最具有潜力的方案,并且着手考虑如何将之付诸生产实施。在这个过程中更多面临的是管理层的审查,只有经过他们的审核认可,产品才能进入实际的生产过程。

在对产品的生产做出决定时,要再次确认产品的市场及用户的需求有没有发生改变,检查所开发的产品是否确实能满足市场的需求。

在生产过程中要注意专利申请及商业秘密的保护,但要注意只有专利才受到法律的保护。保存好产品开发的详细记录,有助于进行专利申请。

专利虽然能得到法律的保护,但要维持产品的竞争力,不能单纯地依靠专利,因为专利也有很多不利的方面。专利将给竞争者提供研发的思想和策略,并且当专利受到侵范后,维权是一个非常困难和长期的过程。

获得专利的条件是产品要具有实用性、新颖性和差异性。只要在一定数量的实验中具有任何程度的实用效果(要排除偶然性的重复),就可以认定产品满足实用性。新颖性的认定比较困难,它不仅依赖于常识,也依赖于法律鉴别。很明显,要符合新颖性,产品在发明之前不能被其他人知道或使用;产品不能是发明者或其他任何人已获得的专利,也不能在任何出版物为其他人描述过。差异性要求新产品与已存在的产品之间的差别必须足够大。可以从以下3个方面界定差别性。

(1)已存在产品的范围和内容;

(2)已有知识与申请专利产品之间的差别;

(3)在发明领域里的常识。

第 2 章　有机化学实验基本操作练习

2.1　简单玻璃加工操作

1. 实验目的

练习玻璃管的简单加工。

2. 实验仪器与药品

锉刀、酒精灯、玻璃管、石棉网、酒精。

3. 实验步骤

(1)玻璃管的截断。玻璃管截断操作包括锉痕和折断。

锉痕的操作:把玻璃管平放在桌子边缘上,拇指按住玻璃管要截断的地方,用三角锉刀棱边用力锉出一道凹痕,约占管周的 1/6,锉痕时锉刀只向一个方向,向前或向后锉去,不能来回拉锉。

折断的操作:两手分别握住玻璃管头凹痕的两边,凹痕向外,两个大拇指分别按住凹痕后面的两侧,用力急速轻轻一压带拉,即可折成两段。

(2)玻璃管的弯曲。双手持玻璃管,手心向外把需要弯曲的地方放在火焰上预热,然后在鱼尾焰中加热,宽约 5cm。玻璃管在火焰中缓慢、均匀而不停地向同一个方向转动,至玻璃管受热(变黄)即可从火焰中取出,轻轻弯成所需要的角度。注意①玻璃管在火焰上加热尽量不要往外拉;②玻璃管弯成角度之后,在管口轻轻吹气;③将加热的玻璃管放在石棉网上自然冷却。

(3)熔点管和沸点管的拉制。

熔点管的拉制:两肘搁在桌面上,两手执着玻璃管两端,掌心相对,使玻璃管在火焰中缓慢、均匀而不停地向一个方向转动,只不过加热程度强些(玻璃管烧成红黄色),才从火焰中取出。两肘仍搁在桌面上,两手平稳地沿水平方向作相反方向移动,开始时慢些,逐步加快拉成内径约为 1mm 的毛细管(注意:在玻璃管拉细过程中要边拉边旋转)。然后截成 15cm 左右的小端,两端用小火封口(将毛细管呈 45°角,在小火边沿处一边转动,一边加热),冷却后将它从中央切断,即得两支熔点管了。

沸点管的拉制:将内径 3～4mm 的毛细管截成 8～9cm 长,在小火上封闭一端作内管,将内径约为 1mm 的毛细管截成 7～8cm 长,封闭其一端为外管,这样就可组成沸点管了。

4. 问题讨论

(1)选用塞子的时候要注意什么?如果钻孔器不垂直于塞子的平面,结果会怎么样?怎样才能使钻嘴垂直于塞子的平面?为什么塞子打孔要两面打?

(2)当截断玻璃管时要注意哪些问题?怎样弯曲和拉细玻璃管?在火焰上加热玻璃管时怎样才能防止玻璃管被拉歪?

(3)当弯曲和拉细玻璃管时软化玻璃管的温度有什么不同？为什么要不同？弯制好的曲玻璃管如果立即和冷的物件接触会发生什么不良的后果？应该怎样做才能避免？

(4)当把玻璃管插入塞子孔道中时要注意些什么？怎样才不会割破皮肤？拔出玻璃管时要怎样操作才安全？

2.2　熔点的测定

1. 实验目的

了解熔点测定的意义，掌握测定熔点的操作。

2. 实验原理

化合物熔化时固液两相蒸气压相同时的温度就是该化合物的熔点。测定此时的温度即为待测化合物的熔点。

3. 实验意义

(1)测定有机化合物的熔点。

(2)判断化合物的纯度。

4. 实验仪器与药品

数显微熔点测定仪、b 形管、酒精灯、温度计；浓硫酸、尿素。

b 形管测定熔点装置如图 2.1 所示。

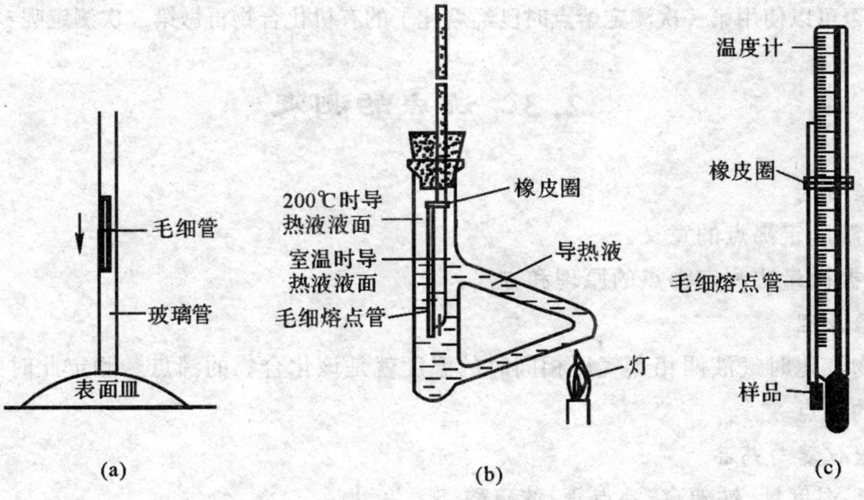

图 2.1　b 形管测定熔点装置

(a)装样品操作；　(b)b 形管测定熔点装置；　(c)熔点管的固定

5. 实验步骤

(1)熔点管拉制。用内径为 1mm，长约 60～70mm，一端封闭的毛细管作为熔点管。

(2)样品的填装。取 0.1～0.2g 样品，放在干净的表面皿上，用玻棒研成粉末，装入熔点管开口一端，将装有样品的毛细管反复通过长玻璃管，使样品均匀落入毛细管底，样品高度为 2～3mm，如图 2.1(a)所示。

注意：①样品要研得很细；②装样品要迅速；③样品要装填得密实、均匀无空隙。

(3)仪器装置。将b形管固定铁架台上，倒入深硫酸为溶液，其用量以略高于b形管上侧管为定宜。将装有样品的熔点管用橡皮固定于温度计的下端，使熔点管装样品的部分位于水银球的中部。如图2.1(c)所示。然后将此带有熔点管的温度计，通过有缺口的软木塞小心插入b形管中，并使温度计的水银球位于b形管两支管的中间。如图2.1(b)所示。

(4)熔点测定方法。首先快速加热b形管的支管连接处，观察并记录样品开始熔化时的温度，测量化合物的大概熔点。其次再细测熔点。测定前，先待热浴温度降至熔点以下约30℃，换一根样品管，慢慢加热。加热速度一开始为5℃/min；当达到熔点下约15℃时，以1～2℃/min升温；接近熔点时，以0.2～0.3℃/min升温。当毛细管中的样品开始塌落和有湿润现象并出现下滴液体时，表明样品已开始熔化，即为始熔温度；记下温度，继续微热，至化合物成透明液体，记下温度为全熔温度。熔点测定，至少有两次重复的数据，每一次测定都必须更换新的熔点管。

(5)实验结束处理。把温度计放好，让其自然冷却至室温，用废纸擦去硫酸，才可用水冲洗。浓硫酸冷却后，方可倒回瓶中。

6. 问题讨论

(1)测定熔点时，若样品研磨得不细，对装样品有什么影响？对测定有机物的熔点数据是否有影响？

(2)测定熔点时，加热的快慢为什么会影响熔点？在什么情况下加热可以快一些，而在什么情况下加热则要慢一些？

(3)是否可以使用第一次测定熔点时已经熔化了的有机化合物再做第二次测定呢？为什么？

2.3 沸点的测定

1. 实验目的

(1)了解测定沸点的意义。

(2)掌握微量法测定沸点的原理和方法。

2. 实验原理

化合物汽化时气液两相蒸气压相同时的温度就是该化合物的沸点。测定此时的温度即为测化合物的沸点。

3. 实验仪器与药品

b形管、温度计、铁架台、沸点管；浓硫酸、苯。

4. 实验步骤

采用微量法测定沸点。取一根内径为2～4mm，长约8～9cm的玻璃管，用小火封闭其一端，作为沸点管的外管。放入欲测定沸点的样品4～5滴。在此管中放入一根长约7～8cm，内径约1mm的上端封闭的毛细管，将开口处浸入样品中，与熔点测定装置图(见图2.1)相同。加热该装置，由于气体膨胀，内管中有断断续续的小气泡冒出，当到达样品沸点时，将出现一连串小气泡，此时应停止加热，使热浴温度下降，气泡逸出的速度也渐渐减慢。仔细观察，最后一个气泡出现而刚欲缩回到管内的瞬间温度即表示毛细管内液体蒸气压与大气压平衡时的温度，也就是该液体的沸点。

5. 问题讨论

用微量法测定沸点，把最后一个气泡刚欲缩回至管内的瞬间的温度作为该化合物的沸点，为什么？

2.4　简单的蒸馏

1. 实验目的

(1)掌握蒸馏的基本原理、应用范围，了解蒸馏和测定沸点的意义。

(2)熟练掌握蒸馏的操作要领和使用方法。

2. 实验原理

蒸馏是利用化合物的沸点差异实现混合物的分离。

3. 蒸馏的意义和应用

蒸馏的意义：

(1)可以分离和提纯液体有机化合物；

(2)可以测定化合物的沸点。

蒸馏的应用：

(1)分离液体混合物，仅对混合物中各成分的沸点有较大差别时，才能达到有效的分离；

(2)测定化合物的沸点；

(3)提纯、除去不挥发的杂质；

(4)回收溶剂，或蒸出部分溶剂以浓缩溶液。

4. 实验仪器与药品

直形冷凝管、蒸馏烧瓶、接液管、三角烧瓶、酒精灯、铁架台、石棉网、铁圈、铁夹、温度计、电热套；无水乙醇。

微形蒸馏装置如图 2.2 所示。

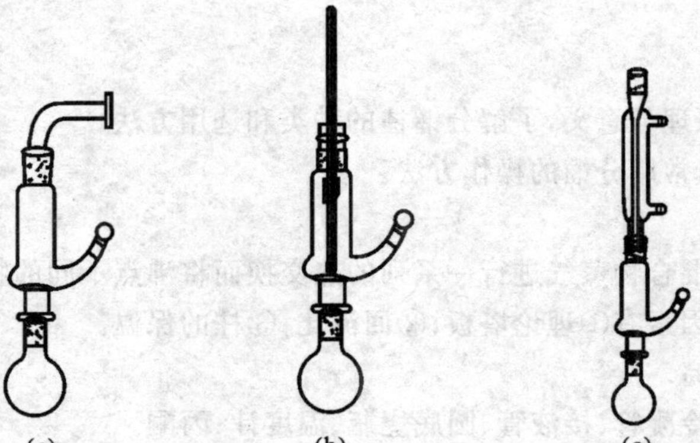

(a)　(b)　(c)

图 2.2　微型蒸馏装置

5. 实验步骤

(1)蒸馏装置的安装。如图 2.2 所示，安装蒸馏装置的顺序一般是先从热源开始，自上而下，从左到右(也可以从右到左，要看实验环境而定)。首先根据热源高度固定铁架台上铁圈的位置，其高度以火焰尖能燃及石棉网为宜。将蒸馏烧瓶用铁夹夹稳置于石棉网上，装上蒸馏头和温度计(注意温度计位置),调整冷凝管的位置使之与蒸馏支管同轴,并沿此轴线方向将冷凝管和蒸馏头紧密地连接起来,然后依次安装接液管和接收瓶。整个装置要求端正,无论从正面或侧面观察,装置中各仪器的轴线都要成一直线,安装牢固。除接液管与接收瓶之间留有间隙外,整个装置中的各部分都应装配紧密,不漏气。

(2)蒸馏操作。蒸馏装置安装好后,将待蒸馏的液体经过长颈漏斗加入蒸馏烧瓶中(应避免液体流入冷凝管里),再加入 2～3 粒沸石,装好温度计,检查装置各部分连接是否紧密。接通冷凝水后,开始小火加热,然后调节火焰,使温度慢慢上升,注意观察液体气化情况。当蒸气顶端上升到温度计水银球部位时,温度计汞柱开始急剧上升,此时更应控制温度,使温度计水银球上总附有液滴,以保持气、液两相平衡,这时的温度正是馏出液的沸点。蒸馏速度以每秒 1～2 滴为宜。记下第一滴馏出液滴入接收瓶时的温度。当温度由不稳定到稳定时,更换一个接收瓶继续蒸馏,如果温度变化较大,应多更换几次接收瓶。记下每个馏分的温度范围和质量。收集馏分的温度范围越窄,则馏分的纯度越高。一般收集馏分的温度范围为 1～2℃,也可以按规定的温度范围收集馏分。

(3)蒸馏完毕,先移去热源,停止通水,然后按与安装装置的相反顺序拆卸仪器。

微型蒸馏装置由微型蒸馏头和圆底烧瓶组成(见图 2.2)。其中,微型蒸馏头集冷凝管、接液管、馏出液接收瓶的功能于一体,显著减少了器壁的黏附损失。接收瓶一次可容纳约 6mL 馏出液。当需要收集某一温度下的馏分时,可把温度计伸入蒸馏头内,使水银球与蒸馏头上口平齐。

蒸馏时,先确定热源高度,将待蒸馏物质装入蒸馏烧瓶内,并将蒸馏烧瓶固定在铁架台上。按要求选择好加热方式,并在烧瓶内加入几粒碎瓷片,装好微型蒸馏头和温度计,塞好蒸馏头支管上的玻璃塞,然后开始加热。

蒸馏完毕,先移去热源,待体系冷却后,打开蒸馏头支管上的玻璃塞,用吸管将馏出液吸出。然后拆下蒸馏头和烧瓶。

2.5 分　　馏

1. 实验目的

(1)了解分馏的原理与意义,了解分馏柱的种类和选用方法。

(2)学习实验室里常用分馏的操作方法。

2. 分馏原理

通过对沸腾着的混合物蒸气进行一系列的热交换而将沸点不同的物质分离出来。

影响分馏效率的因素有①理论塔板;②回流比;③柱的保温。

3. 实验仪器与药品

电热套、分馏柱、冷凝管、接液管、圆底烧瓶、温度计;丙酮。

分馏装置如图 2.3 所示。

4. 实验步骤

(1)按分馏装置图(见图 2.3)安装装置。

(2)准备 3 个 15mL 的试管为接收管,分别注明 A,B,C。

(3)在 50mL 圆底烧瓶内放置 15mL 丙酮、15mL 水及 1～2 粒沸石,开始缓缓加热,并控制加热温度,使馏出液以每秒 1～2 滴的速度蒸出。将初馏出液收集于试管 A,注意并记录柱顶温度及接收瓶 A 的馏出液总体积。继续蒸馏，记录每增加 1mL 馏出液时的温度及总体积。当温度达 62℃时更换试管 B 接收馏出液，98℃时更换试管 C 接收馏出液，直至蒸馏烧瓶中残液为 1～2mL 时，停止加热。分别记录 3 个馏分((A 56～62℃，B 62～98℃，C 98～100℃))的体积，待分馏柱内液体流到烧瓶时测量并记录残留液体积，以柱顶温度为纵坐标，馏出液体积为横坐标，将实验结果绘成温度-体积曲线，讨论分馏效率。

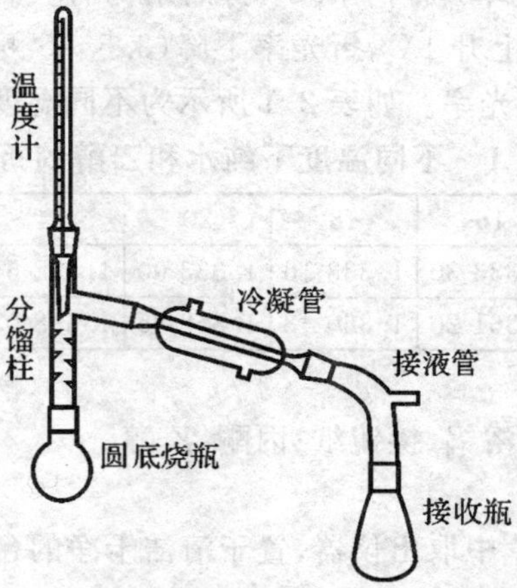

图 2.3　分馏装置图

(4)用微型分馏装置(见图 2.4)进行丙酮-水混合物的蒸馏。

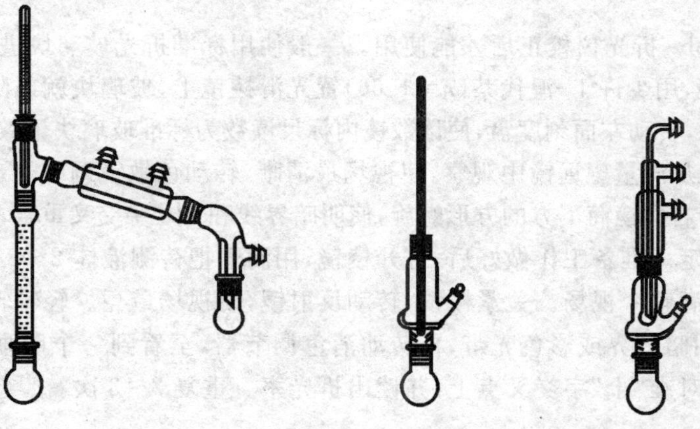

图 2.4　微型分馏装置

5. 问题讨论

(1)分馏和蒸馏在原理及装置上有哪些异同？如果是由两种沸点很接近的液体组成的混合物能否用分馏来提纯呢？

(2)如果把分馏柱顶上温度计的水银柱的位置插下些，行吗？为什么？

2.6　液态有机化合物折光率的测定

1. 实验目的

学习有机化合物折光率的测定。

2. 实验原理

折光率是有机化合物(特别是液体有机化合物)最重要的物理常数之一，它可用于液态有机物的纯度检验，也可用来鉴定未知物。化合物的折射定律为

$$n=\frac{\sin\alpha}{\sin\beta}$$

化合物折光率 n(绝对折光率)除了与它本身的结构有关外，还随入射光线波长及测定温度不同而变化。通常温度 t 每上升 1℃，折光率下降(3.5～5.5)×10^{-4}。常用 n_D^t 来表示在温度 t℃时，入射光为钠光下的折光率。如表 2.1 所示为不同温度下纯水和乙醇的折光率。

表 2.1　不同温度下纯水和乙醇的折光率

温度/℃	14	16	18	20	24	26	28	32
水的折光率 n	1.333 48	1.333 30	1.333 16	1.333 00	1.332 64	1.332 43	1.332 19	1.331 64
乙醇的折光率 n	1.362 10	1.361 20	1.360 48	1.358 85	1.358 03	1.357 21	1.355 57	—

3. 实验仪器与药品

Abbe 折光仪、超级恒温水浴锅、擦镜纸；丙酮、乙醇。

4. 实验步骤

(1)仪器的准备。从仪器盒中取出仪器，置于清洁干净的台面上。在棱镜外套上装好温度计，并与超级恒温水浴锅相连，通入恒温水。一般恒温为 20℃或 25℃，松开锁钮，开启下面棱镜，使其镜面处于水平位置。滴入 1～2 滴丙酮于镜面上，合上棱镜，促使难挥发的污物溢走。再打开棱镜，用丝巾或擦镜纸轻轻揩拭镜面，但不能用滤纸！注意操作时严禁用油手或汗手触及光学零件。

(2)校正。Abbe 折光仪校正后才能使用。一般使用标准折光玻璃块进行校正。

首先打开棱镜，用少许 1-溴代萘(n=1.66)置光滑棱镜上，玻璃块就黏附于镜面上，使玻璃块直接对准反射镜，转动左面刻度盘，使读数镜内标尺读数为标准玻璃块读数，调节反射镜，使入射光进入棱镜组。从测量望远镜中观察，使视场最清晰，转动色散镜调节器，消除色散。再用一特制小螺丝刀旋转右面镜筒下方的方形螺旋，使明暗界线和"十"字交叉重合，校正工作结束。

(3)样品的测定。准备工作做好后，打开棱镜，用滴管把待测液体 2～3 滴均匀滴在磨砂棱镜上，要求液体充满整个视场。关紧棱镜，转动反射镜，使视场最亮。轻轻转动左面刻度盘，并在右镜筒内找到明暗分界或彩色光带，再转动消色调节器，至看到一个明晰分界线，转动左面刻度盘，使分界线对准"十"字交叉点上，并读出折光率。重复 2～3 次。

(4)维护。

1)Abbe 折光仪在使用前后，均需要用丙酮洗净，用擦镜纸吸干液体。

2)用完后，流尽金属套恒温水。

3)仪器不能放在日光直射或靠近热源的地方。

4)酸、碱等腐蚀性液体不得用 Abbe 折光仪。

5)折光仪不用时应放在箱内，加放干燥剂，放置在空气流通的室内。

2.7　重结晶提纯法

1. 实验目的

(1)学习重结晶提纯固态有机化合物的原理和方法。

(2)掌握抽滤、热滤操作和滤纸折叠的方法。

2. 实验原理

重结晶提纯法是利用混合物中各组分在某种溶剂中的溶解度不同(相似相溶),或在同一溶剂中不同温度时的溶解度不同,而使它们相互分离。

3. 实验仪器与药品

真空泵、恒温水浴锅、热滤漏斗、抽滤瓶、三角烧瓶、布氏漏斗、酒精灯、滤纸;乙酰苯胺。

4. 实验步骤

重结晶提纯法的一般过程为选择溶剂→溶解固体→去除杂质→晶体析出→晶体的收集与洗涤→晶体的干燥。

用水重结晶乙酰苯胺的操作步骤如下:

(1)称取 5g 乙酰苯胺,放在 250mL 三角烧瓶中。加入适量纯水,加热至乙酰苯胺溶解,若不溶解,可添加少量热水,搅拌并加热至接近沸腾,使乙酰苯胺完全溶解。稍冷后,再加入适量(0.5～1g)活性炭于溶液中,煮沸 5～10min,趁热用放有折叠式滤纸的热水漏斗过滤,用三角烧瓶收集滤液。

(2)滤液放置冷却后,有乙酰苯胺析出,抽气过滤,抽干后,用玻璃钉压挤晶体,继续抽滤,尽量除去母液,然后,进行晶体洗涤工作,并抽干水分。

(3)测溶点。纯乙酰苯胺的溶点为 114℃。

5. 问题讨论

(1)当加热溶解待重结晶的粗产品时,为什么加入溶剂的量要比计算量略少?然后逐渐添加到乙酰苯胺恰好溶解,最后再加入少量的溶剂,为什么?

(2)用活性炭脱色为什么要待固体物质完全溶解后才能加入?

(3)当使用有机溶剂重结晶时,哪些操作容易着火?为什么不能在溶液沸腾时加入活性炭?

(4)用水重结晶乙酰苯胺,在溶解过程中有无油珠出现?如有油珠出现应如何处理?

(5)当使用布氏漏斗过滤时,如果滤纸大于布氏漏斗瓷孔面时,有什么不好?

(6)当停止抽滤时,如不先打开安全活塞就关闭水泵,会有什么现象产生,为什么?

(7)在布氏漏斗上用溶剂洗涤滤饼时应注意什么?

(8)如何鉴定经重结晶纯化过的产品的纯度?

(9)请设计一套用 70%乙醇重结晶萘的实验装置,并简述实验步骤。

2.8　萃　　取

1. 实验目的

学习萃取的原理和方法。

2. 实验原理

萃取是利用同种物质在两种互不相溶的溶剂中的溶解度或分配比的不同,使其从一种溶剂转移到另一种溶剂中而分离。通过选择使用适当的溶剂,能从固体或液体混合物中提取所需要的化合物。萃取以分配定律为基础,即在一定温度、一定压力下,某种物质在两种互不相溶的溶剂 A 和溶剂 B 中的分配浓度之比是一个常数 K,即分配系数:

$$K=\frac{\text{在溶剂 A 中的浓度}}{\text{在溶剂 B 中的浓度}}$$

应用分配定律可以计算经过 n 次萃取后被萃取物在原溶液中的剩余量，即

$$M_n=M_0\left(\frac{KV}{KV+V_B}\right)^n \quad (n=1,2,3,\cdots)$$

其中，M_n—— 经过 n 次萃取后被萃取物在原溶液中的剩余量，mol；

M_0—— 萃取前被萃取物在原溶液中的总量，mol；

V—— 原溶液体积，mL；

V_B—— 萃取剂用量，mL。

3. 实验仪器与药品

分液漏斗、碱式滴定管、三角烧瓶；酚酞、NaOH、乙酸、乙醚。

4. 实验步骤

本实验是以乙醚从醋酸水溶液中来萃取醋酸。

(1)一次萃取法。

1)用移液管准确量取 10mL 冰醋酸与水的混合液放入分液漏斗中，再加入 30mL 乙醚萃取液。

2)用右手食指将漏斗上端玻璃塞顶住，用大拇指及食指和中指握住漏斗，转动左手的食指和中指蜷握在活塞柄上，使操作过程中，玻璃塞和活塞均夹紧。上下轻轻振荡分液漏斗，每隔几秒钟放气一次。

3)将分液漏斗置于铁圈上，当溶液分成两层后，小心旋开活塞，放出下层水溶液于 50mL 三角烧瓶内。

4)加入 3～4 滴酚酞作指示剂，用 $0.2mol \cdot L^{-1}$ NaOH 溶液滴定三角瓶内的萃取液，记录 NaOH 体积。

5)计算：①留在水中的醋酸质量及质量分数；②留在乙醚中的醋酸质量及质量分数。

(2)多次萃取法。

1)准确量取 10mL 冰醋酸与水的混合液于分液漏斗中，用 10mL 乙醚如上法萃取，分离出乙醚溶液。

2)将水溶液再用 10mL 乙醚萃取，分离出乙醚溶液。

3)将第二次剩余的水溶液再用 10mL 乙醚萃取，如此共 3 次。用 $0.2mol \cdot L^{-1}$ NaOH 溶液滴定水溶液，记录 NaOH 体积。

4)计算：①留在水中的醋酸质量及质量分数；②留在乙醚中的醋酸质量及质量分数。

5)比较萃取效果。

5. 问题讨论

(1)影响萃取法的萃取效率的因素有哪些？怎样才能选择好的溶剂？

(2)使用分液漏斗的目的何在？使用分液漏斗时要注意哪些事项？

(3)两种不相溶的液体同在分液漏斗中，请问相对密度大的在哪一层？下一层液体从哪里放出来？放出液体时为了不要流得太快，应该怎样操作？留在分液漏斗中的上层液体应从哪里倾入另一容器？

2.9　旋光度的测定

1. 实验目的

(1)了解旋光仪的构造。

(2)掌握使用旋光仪测定物质的旋光度。

(3)学习比旋光度的计算。

2. 实验原理

比旋光度是物质特性常数之一,通过测定旋光度(α),可以测定旋光性物质的纯度和含量。

$$[\alpha]_\lambda^t=\frac{\alpha}{l\cdot\rho}$$

$$[\alpha]_\lambda^t=\frac{\alpha}{l\cdot\rho_{样品}}\times 100$$

其中　α——旋光物质在 t℃、光源波长为 λ 时的比旋光度;

ρ——样品密度,$g\cdot mL^{-1}$;

l——测量管的长度,dm。

3. 实验仪器与药品

容量瓶、旋光仪;葡萄糖。

4. 实验步骤

(1)旋光仪零点的校正。在测定样品前,需要先校正旋光仪的零点。其校正步骤如下:

1)将试管洗好,用左手将试管坚直握紧,装上蒸馏水,使液面凸出管口。

2)将玻璃盖沿试管口边缘轻轻平推盖好,不能带入气泡,旋上螺丝帽盖,可漏水,不要过紧。

3)将样品试管擦干,放入旋光仪内罩上盖子,开启钠光灯,将刻度盘调至零点左右,旋转粗动、微动手轮,使视场内Ⅰ和Ⅱ部分的亮度均一,记下读数。

4)重复操作至少 5 次,取平均值,若零点相差太大,应把仪器重新校正。

(2)旋光度的测定。准确量取 2.5g 样品(如葡萄糖)放在 10mL 容量瓶中配成溶液,依上法测定其旋光度,这时所得的读数与零点之间的差值即为该物质的旋光度。

2.10　减压蒸馏

1. 实验目的

掌握减压蒸馏的方法、原理及应用。

2. 实验原理

液体的沸点是指它的蒸气压等于外界压力时的系统温度。液体的沸点随外界压力的变化而变化,如果借助于真空泵降低系统内压力,就可以降低液体的沸点,这便是减压蒸馏操作的理论依据。减压蒸馏是分离可提纯有机化合物的常用方法之一,它特别适用于那些在常压蒸馏时未达沸点即已受热分解、氧化或聚合的物质。

3. 实验仪器与药品

减压蒸馏装置;苯甲酸。减压蒸馏装置主要由蒸馏、抽气(减压)、安全保护和测压 4 部分组成。蒸馏部分由蒸馏瓶、克氏蒸馏头、毛细管、温度计及冷凝管、接收器等组成(见图 2.5

(a)、(b))。如用水泵减压,简便的减压蒸馏装置如图 2.5(a)所示,图 2.5(c)为微型减压蒸馏装。克氏蒸馏头可减少由于液体暴沸而溅入冷凝管的可能性;而毛细管的作用,则是作为气化中心,使蒸馏平稳,避免液体过热而产生暴沸冲出现象。毛细管口距瓶底约 1～2mm,为了控制毛细管的进气量,可在毛细玻璃管上口套一段软橡皮管,橡皮管中插入一段细铁丝,并用螺旋夹夹住。蒸出液接收部分,通常用多尾接液管连接两个或三个梨形或圆形烧瓶,在接收不同馏分时,只须转动接液管,在减压蒸馏系统中切勿使用有裂缝或薄壁的玻璃仪器,尤其不能用不耐压的平底瓶(如锥形瓶等),以防止内向爆炸。抽气部分用减压泵,最常见的减压泵有水泵和油泵两种。安全保护部分一般有安全瓶,若使用油泵,还必须有冷阱及分别装有粒状氢氧化钠、块状石蜡及活性炭或硅胶、无水氯化钙等的吸收干燥塔,以避免低沸点溶剂,特别是酸和水汽进入油泵而降低泵的真空效能。所以如油泵减压蒸馏必须在常压或水泵减压下先蒸除所有低沸点液体、水以及酸、碱性气体。测压部分采用测压计。

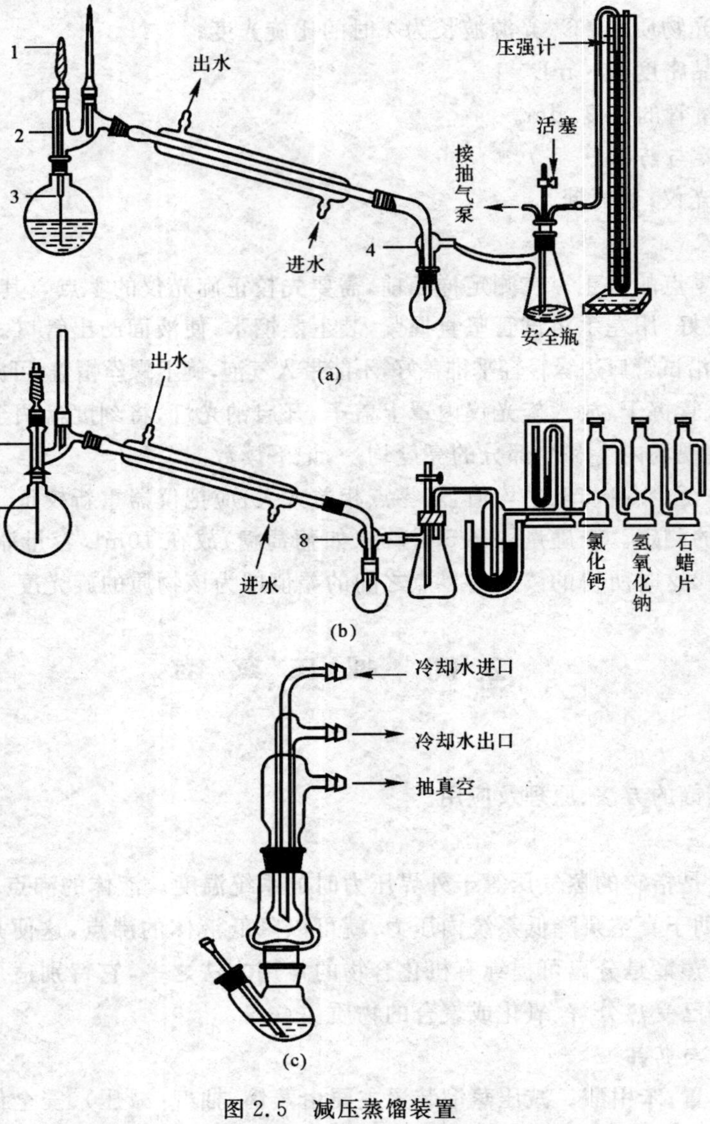

图 2.5 减压蒸馏装置

1,5—螺旋夹;2,6—克氏蒸馏头;3,7—毛细管;4,8—真空接液管

4. 操作方法

按图 2.5 安装好仪器后，先检查系统是否漏气，方法是关闭毛细管，减压至压力稳定后，夹住连接系统的橡皮管，观察压力计水银柱是否变化，无变化说明不漏气，有变化即表示漏气。为使系统密闭性好，磨口仪器的所有接口部分都必须用真空油脂润涂好。检查仪器不漏气后，加入待蒸的液体，量不要超过蒸馏瓶的一半，关好安全瓶上的活塞，开动油泵，调节毛细管导入的空气量，以能冒出一连串小气泡为宜。当压力稳定后，开始加热。液体沸腾后，应注意控制温度，并观察沸点变化情况。待沸点稳定时，转动多尾接液管接收馏分，蒸馏速度以 0.5～1 滴/s 为宜。蒸馏完毕，除去热源，慢慢旋开夹在毛细管上的橡皮管的螺旋夹，待蒸馏瓶稍冷后再慢慢开启安全瓶上的活塞，平衡内外压力(若开得太快，水银柱很快上升，有冲破测压计的可能)，然后才关闭抽气泵。

2.11　水蒸气蒸馏

1. 实验目的

(1)学习水蒸气蒸馏的原理及其应用。

(2)掌握水蒸气蒸馏的装置及其操作方法。

2. 实验原理

当有机物与水一起共热时，整个系统的蒸汽压根据分压定律，应为各组分蒸汽压之和，即

$$P_{总}=P_{H_2O}+P_{化合物}$$

很明显，液体混合物的沸点，要比每一种物质单独存在时的沸点低。因此，在不溶于水的有机物质中，通入水蒸气进行水蒸气蒸馏时，在该物质的沸点低得多的温度，而且比 100℃还要低的温度就可使该物质蒸馏出来。

(1)应用范围。

1)某些沸点高的有机物，在常压蒸馏虽可与副产品分离，但易将其破坏。

2)混合物中含有大量树脂状杂质或不挥发杂质，采用蒸馏、萃取等方法都难于分离。

3)从较多固体反应物中分离出被吸附的液体。

(2)具备的条件(被提纯的物质)。

1)不溶或难溶于水。

2)共沸腾下与水不发生化学反应。

3)在 100℃左右时，必须具有一定的蒸汽压。

3. 实验仪器与药品

圆底烧瓶、冷凝管、接收器、电热套；苯胺。

微型水蒸气蒸馏装置，由水蒸气发生器、蒸馏试管、冷凝管和接收器等组成。如图 2.6(a)所示。

(1)采用 100mL 两颈圆底烧瓶作为水蒸气发生器，其侧颈连接蒸汽导管(又称三通管、T 形管)，主颈插入蒸馏试管。蒸汽导管(三通管)的一侧与圆底烧瓶相连，一端插入蒸馏试管底部，一端装上止水夹，以调节蒸馏试管中的压力。使用时，在圆底烧瓶内注入 35mL 水，并加入几粒沸石，以保证受热后平稳地产生水蒸气。

(2)蒸馏试管。待分离的有机物液体体积不得超过蒸馏试管体积的 1/3，导管几乎插到试

管底部，由于水蒸气的导入使得蒸馏体系沸腾。

(3)冷凝管接收器。

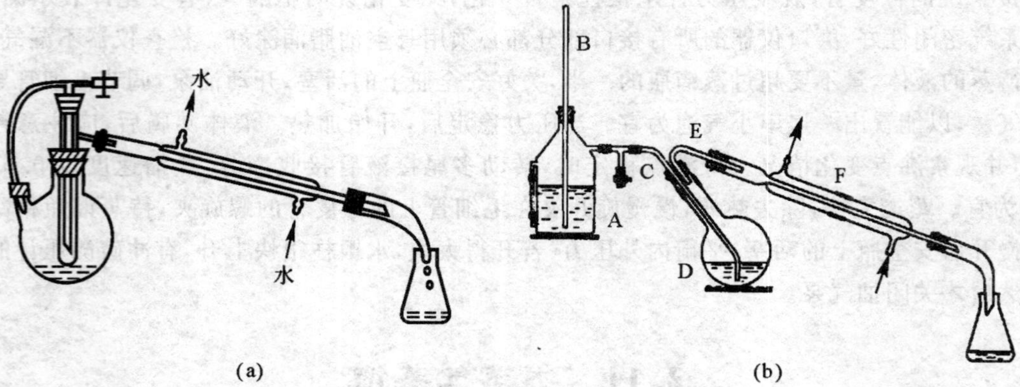

(a) (b)

图 2.6　水蒸气蒸馏装置

A—水蒸气发生器；B—安全管；C—水蒸气导管；D—长颈圆底烧瓶；E—馏出液导管；F—冷凝管

4. 实验步骤

(1)根据热源高度固定铁架台上铁圈的位置。

(2)将 100mL 两颈圆底烧瓶用铁夹固定在垫有石棉网的铁圈上，注入 25～35mL 水和几粒沸石。

(3)将蒸馏试管装好样品后，从两颈烧瓶的主口插入，蒸馏试管的底部应在烧瓶中水面之上。

(4)将蒸汽导管(T 形管)一端与两颈圆底烧瓶的侧口相连，一端插入试管底部，打开止水夹。

(5)调整冷凝管的位置使之与蒸馏试管的支管相连，装好接收管。

(6)通入冷凝水，开始加热。当水沸腾并产生大量水蒸气以后，用止水夹关闭 T 形管，使水蒸气导入蒸馏试管中，开始蒸馏。控制蒸馏速度为每秒 2～3 滴。

(7)蒸馏完毕，应先松开止水夹，再移入热源，以免因圆底烧瓶中蒸汽压的降低而发生倒吸现象。

注意：(1)实验过程中，应随时观察蒸馏试管中 T 形管的液面高度，有无倒吸的可能。一旦发生异常，应先松开止水夹，再移去火源；

(2)若需要调整热源，必须先松开止水夹，再作调整，否则会发生倒吸现象。

附：常量水蒸气蒸馏操作步骤

常量水蒸气装置包括水蒸气发生器，蒸馏部分，冷凝部分和接收器等部分(见图 2.6(b))。

(1)1 000mL 蒸馏瓶，配一双孔塞，插入适量长度的玻璃管，另一孔插入内径约 8mm 的水蒸气导出管。

(2)导出管与 T 形管相连，支管上套上橡皮管并用螺旋夹夹住，另一端与蒸馏部分导入管相连。

(3)蒸馏部分斜放于桌面成 45°，液面不得超过 1/3。

(4)检查整个装置不漏气，打开 T 形管螺旋夹，加热至沸腾。当有大量蒸汽冲出时，立即旋夹螺旋夹，开始蒸馏。

(5)当馏出液无明显油珠时，可停止蒸馏，此时必须先旋开螺旋夹，然后移开热源。

5. 问题讨论

(1)进行水蒸气蒸馏时，水蒸气导入管的末端为什么要插入到接近于容器底部？

(2)在水蒸气蒸馏过程中，经常要检查什么事项？若安全管中水位上升很高时，说明什么问题，如何处理才能解决呢？

2.12　回　流

1. 实验目的

掌握回流的基本操作及应用。

2. 实验原理

将液体加热汽化，同时将蒸气冷凝液化并使之流回到原来的器皿中重新受热汽化，这样循环往复的汽化-液化过程称为回流。回流是有机化学实验中最基本的操作之一，大多数有机化学反应都是在回流条件下完成的。回流液本身可以是反应物，也可以为溶剂。当回流液为溶剂时，其作用在于将非均相反应变为均相反应，或为反应提供必要而恒定的温度，即回流液的沸点温度。此外，回流也应用于某些分离纯化实验中，如重结晶的溶样过程，连续的萃取、分馏及某些干燥过程等。

3. 实验仪器与药品

实验装置如图 2.7 所示；药品有正丁醇、冰醋酸、浓硫酸。

回流的基本装置如图 2.7(a)所示，由热源、热浴、烧瓶和回流冷凝管组成。烧瓶可以为圆底瓶、平底瓶、锥形瓶、梨型瓶或尖底瓶。烧瓶的大小应使装入的回流液体积不超过其容积的 3/4，也不少于 1/4。冷凝管可依据回流液的沸点由高到低分别选择空气、直形球形、蛇形或双水内冷冷凝管。各种冷凝管所适用的温度范围尚未严格地规定，但由于在回流过程中蒸气的升腾方向与冷凝水的流向相同(即不符合“逆流”原则)，所以冷却效果不如蒸馏时的冷却效果。为了能将蒸气完全冷凝下来，就需要提供较大的内外温差。所以空气冷凝管一般应用于 160℃以上；直形冷凝管应用于 100～160℃；球形冷凝管适用于 50～160℃；蛇形冷凝管适用于 50～100℃；更低的温度则使用双水内冷冷凝管。由于球形冷凝管适用范围最宽广，因此通常把球形冷凝管叫做回流冷凝管。除了冷凝管的种类外，冷凝管的长度、水温、水速也都是决定冷凝效果的重要因素，所以应根据具体情况灵活选择。

常见的球形冷凝管有 4～9 个球，其中以 5 个球冷凝管最为常用。使用时应使蒸气气雾的上升高度不超过两个球为宜。在使用其他类型的冷凝管时，应控制气雾的上升高度不超过其有效长度的 1/3。

单纯的回流装置应用范围不大。大多数情况下都还带其他附加装置或其他装置组合使用。如果在回流的同时还需要测定反应混合物的温度，或需要向反应混合物中滴加物料，则应使用两口或三口烧瓶，将温度计或滴液漏斗安装在侧口上。如果需要防止空气中的水汽进入反应系统，则可在冷凝管的上口处安装干燥管，如图 2.7(b)所示。干燥管的另一端用带毛细管的塞子塞住，既可保障反应系统与大气通气，又可减少空气与干燥剂的接触。磨口的干燥管一般带有弯管，可直接装在冷凝管口；非磨口的干燥管是笔直的，应自己制作弯管安装，使干燥管位于冷凝管的侧面，而不应直接竖直地安装在冷凝管上口，否则，干燥剂的细碎颗粒可能直接透过阻隔的玻璃漏入烧瓶中，干扰反应进程。如果反应中产生水溶性的有害气体，需要导出并用水吸收，可在冷凝管口加装气体吸收装置，如图 2.7(c)所示。如果反应中有水产生并需要不断地将生成的水移出反应区，则可在烧瓶与冷凝管之间加置油水分离器，如图 2.7(d)所示。如果回流的同时需要搅拌，若用磁力搅拌，则不需要改变回流装置；若用机械搅拌，则搅拌棒需要安装在三口烧瓶的中口上，冷凝管只能倾斜地安装在侧口上。如果回流、机械搅拌、滴液、测温需要同时进行，可使用四口瓶，或在三口瓶上加置 Y 型管，如图 2.7(e)所示。各种连续萃取装置中，回流冷凝管均安装在萃取器的顶部。

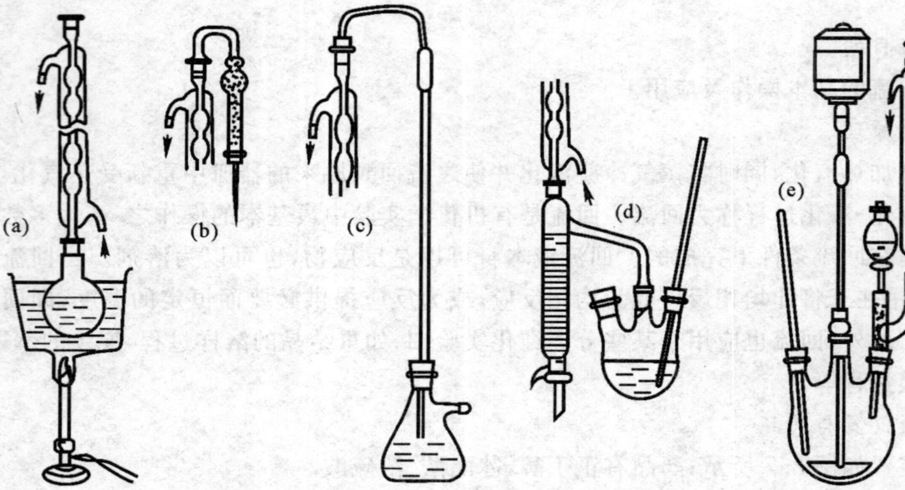

图 2.7　回流装置

回流装置应自下而上一次安装，各磨口对接处应接连同轴、严密、不漏气、不受侧向作用力，但一般不涂凡士林，以免其在受热时熔化流入反应瓶。如果确需涂凡士林或真空脂，应尽量涂少、涂匀，并旋转至透明均一。安装完毕后可用三角漏斗从冷凝管上口或三口瓶侧口加入回流液。固体反应物应事前加入瓶中。如装置较复杂，也可在安装完毕后卸下侧口上的仪器，投料后投入几粒沸石，重新将仪器装好。开启冷却水(冷却水应自下而上流动)，即可开始加热。液体沸腾后调节加热速速，控制气雾上升高度使在冷凝管有效长度的 1/3 处稳定下来。回流结束，先移去热源、热浴，待冷凝管汇总不再有冷凝液滴下时关闭冷却水，拆除装置。

当回流与搅拌联用时不加沸石。如无特别说明，一般应先开启搅拌，待搅拌转动平稳后，再开启冷却水，点火加热。在结束时应撤去热源热浴，再停止搅拌，待不再有冷凝液滴下时，关闭冷却水。

4. 实验步骤

(1)按图 2.7 所示装好实验装置。

(2)在圆底烧瓶中，放入 2.5g 正丁醇和 21g 冰醋酸，4 滴浓硫酸和沸石。

(3)加热回流 30min。

(4)回流结束后，冷却溶液，并用移液管取出 1.00mL 样品。

(5)用 0.5mol · L^{-1}NaOH 溶液滴定溶液，并计算酯化效率。

2.13　有机元素定性分析

1. 实验目的

(1)学习有机化合物元素定性分析的原理。

(2)掌握碳、氢、氮、硫和卤素等常见元素的鉴定方法。

2. 实验原理

有机化合物的元素定性分析的目的在于鉴别有机化合物中所含元素的种类,并为元素的定量分析提供依据。根据产物所含元素还可以判断预期的化学反应是否发生。

一般有机化合物所含的元素有碳、氢、氧、氮、硫、卤素等,通常将样品灼烧,若见到炭化、燃烧有烟等现象时,可以判断样品含有碳元素;用铜丝蘸上样品在火焰中直接燃烧,若产生绿色火焰,则样品可能含有卤素;氢和氧一般不作定性鉴定。对氮、硫、卤素等元素的鉴定,都需要先将有机化合物用适当的方法破坏,使这些元素转化成无机离子,然后再进行鉴定。

由于有机化合物中的原子大多以共价键结合而成,难溶于水,因此不能直接分析其中的元素。必须使有机化合物分解,使其变成无机化合物,再进行元素定性分析。一般采用钠熔法分解有机化合物。

$$C,H,O,S,P,X,N \xrightarrow{Na} NaCN,Na_2S,NaCNS,NaX,Na_3P\cdots$$

(1)碳氢的鉴定

$$Ba(OH)_2+CO_2 \rightarrow BaCO_3\downarrow+H_2O \quad \text{(试管壁上有水珠)}$$

(2)氮、硫的鉴定

$$FeSO_4+6NaCN \rightarrow Na_4[Fe(CN)_6]+Na_2SO_4$$

$$3Na_4[Fe(CN)_6]+4FeCl_3 \rightarrow Fe_4[Fe(CN)_6]_3\downarrow+12NaCl$$

$$Na_2S+2HAc \rightarrow H_2S+2NaAc$$

$$H_2S+Pb(Ac)_2 \rightarrow PbS\downarrow+2HAc$$

(3)卤素的鉴定

$$NaX+AgNO_3 \rightarrow AgX+NaNO_3$$

$$2I^-+Cl_2 \rightarrow 2Cl^-+I_2 \quad (CCl_4\ \text{层紫色})$$

$$I_2+5Cl_2+6H_2O \rightarrow 2IO_3^-+12H^++10Cl^-$$

$$2Br^-+Cl_2 \rightarrow 2Cl^-+Br_2 (CCl_4\ \text{层出现棕色})$$

3. 实验仪器与药品

实验装置如图 2.8 和图 2.9 所示。蔗糖、CuO、$Ba(OH)_2$、钠、10%HAc、$Pb(Ac)_2$ 试纸、亚硝基铁氰化钠、10%NaOH、$FeSO_4$、$FeCl_3$、10%H_2SO_4、稀盐酸、5%$AgNO_3$、稀 H_2SO_4、CCl_4、饱和氯水、稀 HNO_3、0.1%氨水、浓 H_2SO_4、0.5%过硫酸钠。

4. 实验步骤

(1)碳、氢元素的鉴定。取 0.2g 干燥的试样蔗糖,与 1g 干燥的 CuO 粉末放在表面皿上混匀,放入干燥硬质试管中,配一单孔塞,如图 2.8 所示。强热反应物,如果试管壁上有水珠,则证明蔗糖中含有氢;如果 $Ba(OH)_2$ 液变浑浊,则证明蔗糖中含有碳。

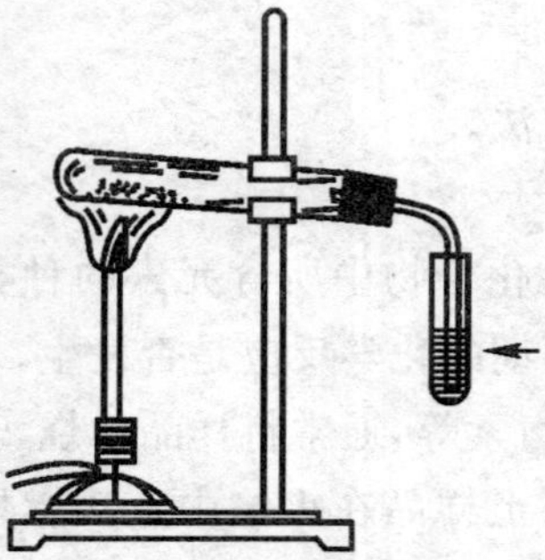

图 2.8 碳、氢元素鉴定装置

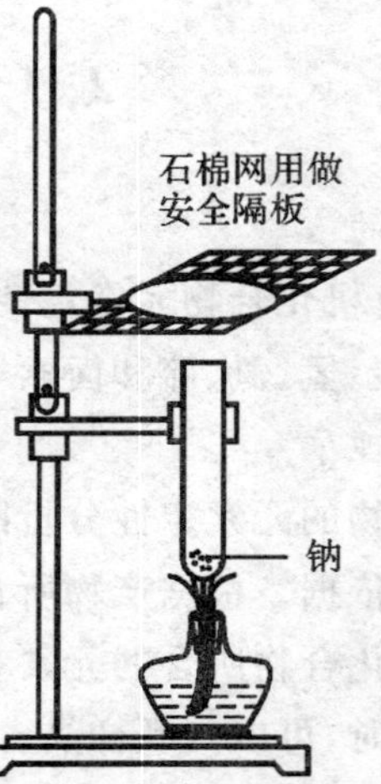

图 2.9 钠熔法装置图

(2)氮、硫、卤素的鉴定。

1)钠熔液法分解试样。取干净的硬质试管按图 2.9 所示装好装置,用镊子取金属钠一小块,用小刀切取一粒表面光滑、大小如黄豆的金属钠,用滤纸擦干煤油,迅速投入试管中。强热试管,使钠熔化,当钠蒸气高达约 10～15mm,立即加入约 0.1g 固体试样,使其直落管底。再强热试管,使试样全部分解,立即浸入盛有 15mL 纯水烧杯中,使试管破裂。用 5mL 纯水洗涤残渣,煮沸过滤,得无色透明钠溶液。

2)硫的鉴定。取 2mL 钠液于小试管中,加入 10%HAc 呈酸性,煮沸,将醋酸铅试纸置于试管中,试纸变黑,则表明试样中含有硫。

3)氮的鉴定。取钠溶液 2mL,加入几滴 10%NaOH 溶液,再加入一小粒 $FeSO_4$ 晶体,将混合液煮沸 1min,如有黑色硫化铁沉淀,须过滤除去,冷却后,加 2～3 滴 5%$FeCl_3$,再加 10% H_2SO_4 使 $Fe(OH)_2$ 沉淀恰好溶解。如果有蓝色沉淀生成则表明含有氮。

4)卤素的鉴定。取 1mL 钠液于小试管中,用 5%硝酸酸化,加热煮沸,放冷后,加几滴 5% $AgNO_3$。如果出现沉淀,则表明试样中含有卤素。

溴与碘的鉴定:取滤液 2mL,用稀 H_2SO_4 酸化,微沸数分钟,冷却后加入 1mL CCl_4 和 1 滴新配制氯水,观察现象,如溶液呈紫色,继续加入氯水,边加边振荡,紫色褪去,出现棕黄色,则表明化合物中含有溴。

氯的鉴定:取 10mL 滤液,用稀硝酸酸化,煮沸除去硫化氢和氯化氢,加入充分硝酸银,使卤化银沉淀完全,过滤,弃去滤液,沉淀用 30mL 水洗涤,再与 20mL 0.1%氨水一起煮沸 2min,过滤,在滤液中加 HNO_3 酸化,滴加 $AgNO_3$,若有白色沉淀,则表明含有氯。

5.问题讨论

(1)有机化合物元素定性基本原理是什么?进行元素定性分析有何意义?检验其中氮和硫等为什么要用钠(或钾)熔法?

(2)在滤纸上切取金属钠时,黏在滤纸上的微量钠碎粒应如何处理?

(3)鉴定卤素时,若试样还有硫和氯,用硝酸酸化再煮沸,可能有什么气体放出?应如何正确处理?

(4)钠熔法分解试样后,为什么先用乙醇处理?

第3章 有机制备实验

3.1 环己烯的制备

1. 实验目的

(1)掌握醇脱水制取烯烃的原理和方法。

(2)掌握蒸馏、分馏及液体干燥的方法。

2. 实验原理

环已烯是一种用途十分广泛的精细化工产品。实验室通常是采用浓硫酸或浓磷酸经液相脱水制备环已烯。此法经典,但收率不高;同时硫酸腐蚀性强,炭化严重,操作不便。而磷酸虽较硫酸好,但成本较高;另外,还会产生很多副产物。例如,用浓硫酸或浓磷酸作催化剂易生成碳渣和有毒气体二氧化硫等,对实验造成较大的影响,并且实验后产生的残渣和残液对环境也有很大影响。本实验采用三氯化铁催化环已醇脱水制备环已烯的方法合成目标产物,可取得良好的实验结果。其反应式为

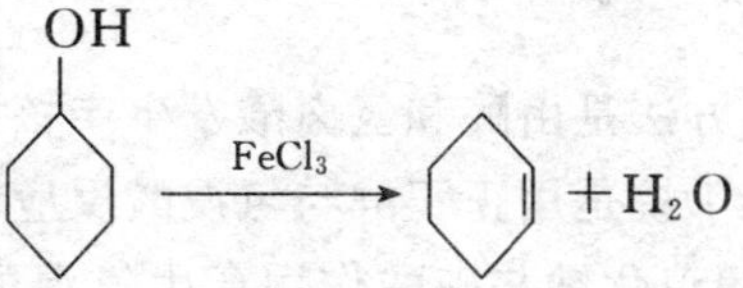

3. 实验仪器与药品

(1)仪器:电热套(100mL)、圆底烧瓶、分馏柱、冷凝管、接引管、锥形瓶(50mL)、分液漏斗、温度计(150℃)。

(2)药品:环已醇 30mL(0.288mol)、六水合三氯化铁 4g(0.014 4mol)。

4. 实验步骤

向 100mL 圆底烧瓶中加入 30mL 环已醇、4g 六水合三氯化铁及几粒沸石,圆底烧瓶上接分馏柱,柱顶装上一支 150℃的温度计,在分馏柱支口依次接上冷凝管、接引管和 50mL 锥形瓶,锥形瓶浸在冷水中冷却。开冷凝水,用电热套控温加热,采用边反应边蒸馏收集产物的方式,控制分馏柱顶馏出温度不超过 90℃,慢慢蒸出生成的环已烯和水的混浊液(1 滴/2～3 秒),至没有馏分馏出为止,停止加热,将馏出液倒入分液漏斗,分去下面的水层。油层用等体积饱和食盐水洗涤,振荡后静置分层,分去下层的水,上层环已烯从分液漏斗的上口倒入一个干燥的锥形瓶中,加入 6g 无水氯化钙,在瓶口加塞,不断振荡后静置半小时,溶液变澄清。用漏斗过滤除去氯化钙,滤液移入 50mL 圆底烧瓶中进行蒸馏,收集沸程为 80～85℃的馏分。称重,计算收率,测折射率。

纯环已烯为无色透明液体,沸点 83℃,d_4^{20} 0.810 2。

注意:(1)催化剂稳定性较好,重复使用 3 次仍能保持较好的催化活性。但连续使用 3 次

后，催化剂的活性明显下降，这是因为反应温度比较高，催化剂多次受热后，有少量分解以及部分溶于反应生成的水。

(2)环已醇与水形成的共沸物沸点是 97.8℃，控制柱顶温度在 90℃以下，可确保环已醇不被蒸出。

(3)环已醇的反应时间为 60～80min，若反应时间小于 60min，其产率明显偏低。

(4)催化剂还可用对甲苯磺酸、$KHSO_4$、阳离子交换树脂、硫酸、磷酸等，但除阳离子交换树脂外，其他催化剂都不可重复使用，而且污染较大。而阳离子交换树脂作催化剂时，收率偏低，再生时有污染。

5. 问题讨论

(1)在粗制环已烯中加入食盐使水层饱和的目的是什么？

(2)当环已醇反应脱水时，采用分馏而不用蒸馏装置，将会有什么结果？假定其他操作不变。

3.2 正溴丁烷的制备

1. 目的与要求

(1)掌握醇和 HX 通过亲核反应制备卤代烷的方法。

(2)练习吸收有害气体的回流加热操作。

(3)学习微型蒸馏操作，学习微量液体的洗涤、干燥等操作。

2. 实验原理

卤代烷制备中的一个重要方法是由醇和氢卤酸发生亲核取代来制备。该反应一般在酸性介质中进行。实验室制备正溴丁烷是用正丁醇与氢溴酸反应制备。由于氢溴酸是一种极易挥发的无机酸，因此在制备时采用溴化钠与硫酸作用产生氢溴酸直接参与反应。在该反应过程中，常常伴随消除反应和重排反应的发生。该反应方程式如下。

主反应：

$$NaBr + H_2SO_4 \longrightarrow NaHSO_4 + HBr$$

$$CH_3CH_2CH_2CH_2OH + H^+ \rightleftharpoons CH_3CH_2CH_2CH_2OH_2^+$$

$$CH_3CH_2CH_2CH_2\overset{+}{O}H_2 + Br^- \rightleftharpoons CH_3CH_2CH_2CH_2Br + H_2O$$

副反应： $2NaBr + 3H_2SO_4 \longrightarrow 2NaHSO_4 + Br_2 + SO_2 + 2H_2O$

$$CH_3CH_2CH_2CH_2OH \xrightarrow{H^+} CH_3CH_2CH_2CH_2OCH_2CH_2CH_2CH_3$$

$$CH_3CH_2CH_2CH_2OH \xrightarrow{H^+} CH_3CH_2CH{=}CH_2$$

本实验主反应为可逆反应，提高产率的措施是让溴化氢过量，并用溴化钠和浓硫酸代替溴化氢，一边生成溴化氢一边参与反应，这样可提高溴化氢的利用率；另外，浓硫酸还起到催化脱水作用。反应中，为防止反应物醇被蒸出，须采用回流装置。由于溴化氢有毒，为防止溴化氢逸出，污染环境，须安装气体吸收装置。回流后再进行粗蒸馏，一方面使生成的产品正溴丁烷分离出来，便于后面的洗涤操作；另一方面，粗蒸馏过程可进一步使醇与 HBr 的反应趋于完全。

粗产品中含有未反应的醇和副反应生成的醚，用浓硫酸洗涤可将它们除去。

3. 实验仪器与药品

(1)仪器：10mL 圆底烧瓶、球形冷凝管、直形冷凝管、二通活塞导气管、分液漏斗、蒸馏头、接收管、接收瓶、玻璃漏斗。

(2)药品：正丁醇、溴化钠、浓硫酸、饱和碳酸氢钠、无水氯化钙。

4. 实验步骤

在 10mL 圆底烧瓶中，加入 2.0mL 水，慢慢加入 2.4mL 浓硫酸，混合均匀，并冷却到室温。加入 1.5mL 正丁醇，混合后，再加入 2g 研细的溴化钠，充分振荡后加入几粒沸石，连上气体吸收装置。(硫酸在反应中与溴化钠作用生成氢溴酸，氢溴酸与正丁醇作用发生取代反应生成正溴丁烷。硫酸的浓度和用量过大，会加大副反应进行；若硫酸浓度和用量过小，则不利于主反应的发生，即氢溴酸和正溴丁烷的生成。)

按图 3.1 装配仪器，将烧瓶置于电热套上缓慢加热至沸，调节温度使反应物保持沸腾而又平稳地回流，并不时摇动烧瓶促使反应完成。由于无机盐水溶液有较大的相对密度，不久会分出上层液体即是正溴丁烷。回流约需 30～40min(反应周期延长：1h 仅增加 1%～2%的产量)。待反应液冷却后，取下气体吸收装置，移去球形冷凝管，装上微型蒸馏头和直形冷凝管，即可蒸馏出粗产物正溴丁烷。

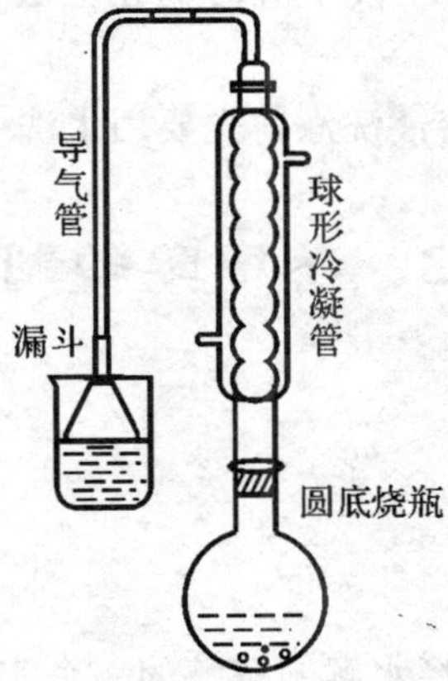

图 3.1　反应装置图

将馏出液移至分液漏斗中，加入等体积的水洗涤(由于正溴丁烷的密度大于水，因此固体产物在下层)，静置分层后，将产物转入另一干燥的分液漏斗中，用等体积的浓硫酸洗涤(除去粗产物中的少量未反应的正丁醇及副产物正丁醚、1－丁烯、2－丁烯)，尽量分去硫酸层(下层)。有机相依次用等体积的水(除硫酸)、饱和碳酸氢钠溶液(中和未除尽的硫酸)和水(除残留的碱)洗涤后，转入干燥的锥形瓶中，再用 1 小块无水氯化钙干燥，间歇摇动锥形瓶，直到液体清亮为止。将过滤出的粗产物进行蒸馏，收集 99～103℃的馏分，产量约为 1.2g。

注意：

(1)加料顺序不能颠倒。应先加水，再加浓硫酸，依次是醇、溴化钠。加水的目的是减少溴化氢的挥发，防止产生泡沫，降低浓硫酸的浓度，以减少副产物的生成。

(2)在加料过程中要不断地摇晃，水中加浓硫酸时振荡，是防止局部过热；加正丁醇时混匀，是防止局部炭化；加溴化钠时振荡，是防止溴化钠结块，影响溴化氢的生成。

(3)一开始不要加热过猛，否则，反应生成的溴化氢来不及反应就会逸出，另外反应混合物的颜色也会很快变深。操作情况良好时，油层仅呈浅黄色，冷凝管顶端应无明显的溴化氢逸出。

(4)当粗蒸正溴丁烷时，黄色的油层会逐渐被蒸出，应蒸至油层消失后，馏出液无油滴蒸出为止。检验的方法是用一个小锥形瓶，里面事先装一定的水，用其接一两滴馏出液，观察其滴入水中的情况，如果滴入水中的馏出液扩散开来，说明已无产品蒸出；如果滴入水中的馏出液呈油珠下沉，说明仍有产品蒸出。在无产品蒸出后，若继续蒸馏，馏出液又会逐渐变黄，呈强酸性。这是由于蒸出的是溴化氢水溶液和溴化氢被硫酸氧化生成的溴，不利于后续的纯化。

(5)正丁醇和正溴丁烷可形成共沸物(沸点 98.6℃，含正丁醇 13%)，故必须除净正丁醇。

(6)当无水氯化钙干燥时，不仅可除去水分，还可除去醇类，因为醇类化合物(特别是低级醇)可与氯化钙作用生成结晶醇而不溶于有机溶剂。

(7)在蒸馏粗产品正溴丁烷后，残余物应趁热倒出洗涤，以防止结块后难以洗涤。

(8)馏出液要充分洗涤，分液时要干净彻底(分除水相)，分液时要注意产物是在上层还是在下层。各步洗涤顺序不能颠倒，应正确判断产物相。

5. 问题讨论

(1)本实验中硫酸的作用是什么？硫酸的浓度和用量过大或过小有什么不好？

(2)在本实验中反应后的粗产物中含有哪些杂质？各步洗涤的目的是什么？

(3)当用分液漏斗洗涤产物时，正溴丁烷时而在上层，时而在下层，如果不知道产物的密度，可用什么简便的方法加以判别？

(4)为什么用饱和的碳酸氢钠溶液洗涤前先要用水洗一次？

3.3 苯甲醇的制备

1. 实验目的

(1)掌握苯甲醇的制备方法。

(2)掌握相转移催化反应技术。

2. 实验原理

用苯氯甲烷制苯甲醇是由卤代烃水解制备醇的一个实际例子，水解在碱性水溶液中进行。由于卤代烃均不溶于水，这个两相反应进行得很慢，并且需要强烈搅拌。如果加入相转移催化剂，如四乙基溴化铵，反应时间可以大大缩短。相催化剂是可以帮助反应物从一相转移到能够发生反应的另一相当中，从而加快异相系统反应速率的一类催化剂。相转移催化的反应，一般都存在水溶液和有机溶剂两相，离子型反应物往往可溶于水相，不溶于有机相，而有机物则可溶于有机溶剂之中。当不存在相转移催化剂时，两相相互隔离，几个反应物无法接触，反应进行得很慢。当加入相转移催化剂后，相转移催化剂可以与水相中的离子结合，并利用自身对有机溶剂的亲和性，将水相中的反应物转移到有机相中，促使反应发生。本实验的反应式为

$$C_6H_5CH_2Cl \xrightarrow[H_2O]{K_2CO_3} C_6H_5CH_2OH + CO_2 + KCl$$

3. 实验仪器与药品

(1)仪器：电磁加热搅拌器、三口烧瓶、球形冷凝管、滴液漏斗。

(2)药品：苯氯甲烷、碳酸钾、四乙基溴化铵、无水硫酸镁、乙醚。

4. 实验步骤

在装有电磁加热搅拌器的 25mL 三口烧瓶里加入碳酸钾水溶液（0.8g 碳酸钾溶于 10mL 水）及 0.2mL 50%四乙基溴化铵水溶液，加入沸石，装上回流冷凝管和滴液漏斗，在滴液漏斗中装 1mL 苯氯甲烷。在回流状态下将苯氯甲烷滴入三口烧瓶中，滴加完毕后，在搅拌下回流反应 1h。

反应完毕后，将三口烧瓶冷却到 30～40℃，把反应液移入分液漏斗中，分出油层。碱液用乙醚萃取 3 次，每次用 2mL 乙醚。合并乙醚层和粗苯甲醇，用无水硫酸镁或碳酸钾干燥，将干燥透明的苯甲醇乙醚溶液先在热水浴上蒸出乙醚，然后将直形冷凝管改为空气冷凝管加热蒸馏。收集 200～208℃的馏分，产量约为 0.5g。

纯苯甲醇为无色透明液体，沸点 205.4℃，d_4^{20} 1.041 9，折光率 n_D^{20} 1.539 6。其红外谱如图 3.2 所示。

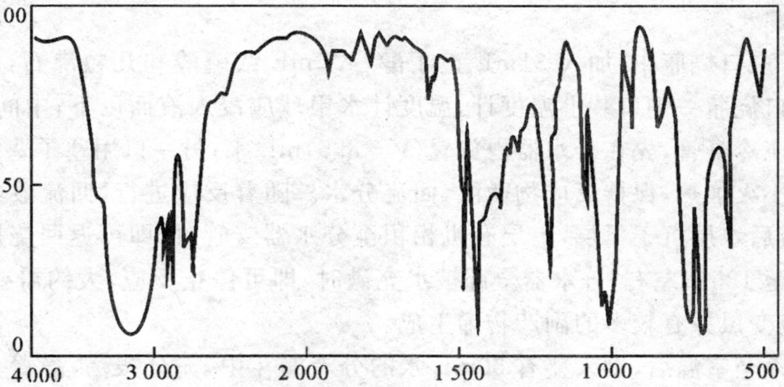

图 3.2　苯甲醇的红外光谱图

注意：

(1)相转移催化剂四乙基溴化铵可用三乙基苄基氯化铵代替。

(2)苯氯甲烷有腐蚀性，加料时要细心，不要弄到皮肤上。一旦洒到皮肤上，要立即用水冲洗，再用肥皂水洗。

(3)虽然加入了相转移催化剂，反应中仍然需要搅拌来加快相转移的速度。如果不加相转移催化剂，反应需 6～8h 才能完成。

(4)反应结束后，将三口烧瓶冷却到 30～40℃为宜，过低的温度会有固体析出，影响下步的分离操作。

(5)高温蒸馏时，空气冷凝管温度较高，小心烫伤。

(6)如反应温度过低，碱易析出给分离带来困难。

5. 问题讨论

(1)本反应加入相转移催化剂的作用是什么？

(2)本实验为何采用碳酸钾作为苯氯甲烷的碱性水解试剂？

3.4　正丁醚的制备

1. 实验目的

(1)掌握由醇合成醚的反应原理和方法。

(2)掌握带分水器的回流反应装置的安装，掌握分液漏斗的使用(分离、洗涤)及液体有机物干燥和干燥剂的应用。

2. 实验原理

醇分子间脱水生成醚是制备简单醚的常用方法。用硫酸作为催化剂，在不同温度下正丁醇和硫酸作用生成的产物会有所不同，主要是正丁醚或丁烯，因此反应须严格控制温度。

主反应：
$$2CH_3CH_2CH_2CH_2OH \xrightarrow[134\sim135℃]{H_2SO_4} n-C_4H_9OC_4H_9-n + H_2O$$

副反应：
$$CH_3CH_2CH_2CH_2OH \xrightarrow[>135℃]{H_2SO_4} CH_3CH_2CH{=}CH_2 + H_2O$$

3. 实验仪器和药品

(1)仪器：三口烧瓶、分水器、球形冷凝管、温度计、分液漏斗。

(2)药品：25g(31mL，0.034mol)正丁醇、浓硫酸、无水氯化钙、氢氧化钠。

4. 实验步骤

在100mL三口烧瓶中，加入31mL正丁醇、4.5mL浓硫酸和几粒沸石，摇匀后按图3.3装置仪器。三口烧瓶一侧口装上温度计，温度计水银球应浸入液面以下；中间口装分水器，分水器上接一回流冷凝管，先在分水器内放置(V－3.5)mL水；另一口用塞子塞紧。然后将烧瓶在石棉网上用小火加热，保持反应物微沸，回流分水。随着反应进行，回流液经冷凝管收集于分水器内，分液后水层沉于下层，上层有机相积至分水器支管时，即可返回烧瓶。当烧瓶内反应物温度上升至135℃左右，分水器全部被水充满时，即可停止反应，大约需要1.5h。若继续加热，则反应液变黑并有较多的副产物烯生成。

待反应液冷至室温后，倒入盛有50mL水的分液漏斗中，充分振荡，静置分层后弃去下层液体，上层粗产物依次用25mL水、15mL 5%的氢氧化钠溶液、15mL水和15mL饱和氯化钙溶液洗涤，然后用1～2g无水氯化钙干燥。干燥后的产物滤入25mL蒸馏瓶中，蒸馏收集140～144℃馏分，产量7～8g。

纯正丁醚的沸点142.4℃，折光率n_D^{20}1.399 2。

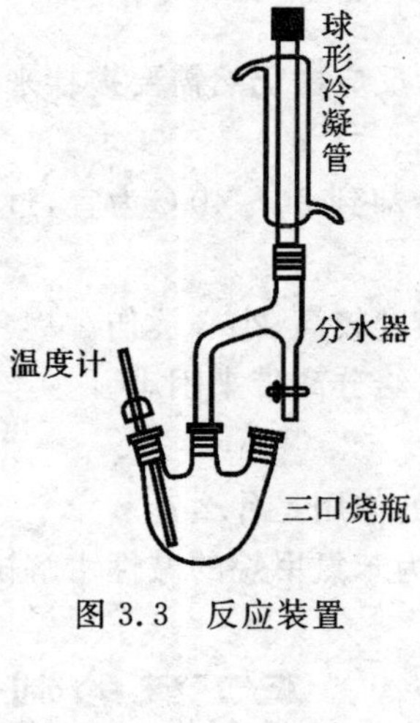

图3.3　反应装置

注意：

(1)V为分水器的体积，本实验根据理论计算失水体积为3mL，实际分出水的体积略大于计算量，故分水器放满水后先分掉约3.5mL水。

(2)制备正丁醚较适宜的温度是130～140℃，但这一温度在开始回流时是很难达到的。因为正丁醚可与水形成共沸物(沸点94.1℃，含水33.4%)；另外，正丁醚与水及正丁醇形成三元共沸物(沸点90.6℃，含水29.9%，正丁醇34.6%)；正丁醇与水也可形成共沸物(沸点93.0℃，含水44.5%)，所以应控制温度在90～100℃之间较合适，而实际操作中，反应温度是在100～115℃之间。

(3)在碱洗过程中，不要太剧烈地振荡分液漏斗，否则生成的乳浊液被破坏而影响分离。

(4)上层粗产物的洗涤也可采用以下方法：先每次用冷的25mL 50%硫酸洗两次，再用25mL水洗两次。因50%硫酸可洗去粗产物中的正丁醇，但正丁醚也能微溶，所以产率略有降低。

5. 问题讨论

(1)制备正丁醚和制备乙醚在实验操作上有什么不同？为什么？

(2)反应结束后为什么要将混合物倒入50mL水中？各步洗涤的目的是什么？

3.5　环己酮的制备

1. 实验目的

(1)了解氧化法制备环己酮的原理和方法。

(2)掌握萃取、分离和干燥等实验操作。

2. 实验原理

一级醇及二级醇的羟基所连接的碳原子上有氢，可以被氧化成醛、酮或羧酸。三级醇由于醇羟基相连的碳原子上没有氢，不易被氧化，例如，在剧烈的条件下，碳-碳键氧化断裂，形成含碳较少的产物。用高锰酸钾作氧化剂，在冷、稀、中性的高锰酸钾水溶液中，一级醇、二级醇不被氧化，如在比较强烈的条件下(如加热)可被氧化，一级醇生成羧酸钾盐，溶于水，并有二氧化锰沉淀析出。二级醇氧化为酮，但易进一步氧化，使碳-碳键断裂，故很少用于合成酮。由二级醇制备酮，最常用的氧化剂为重铬酸钠与浓硫酸的混合液，或三氧化铬的冰醋酸溶液等，酮在此条件下比较稳定，产率也较高，因此是比较适用的方法。其反应为

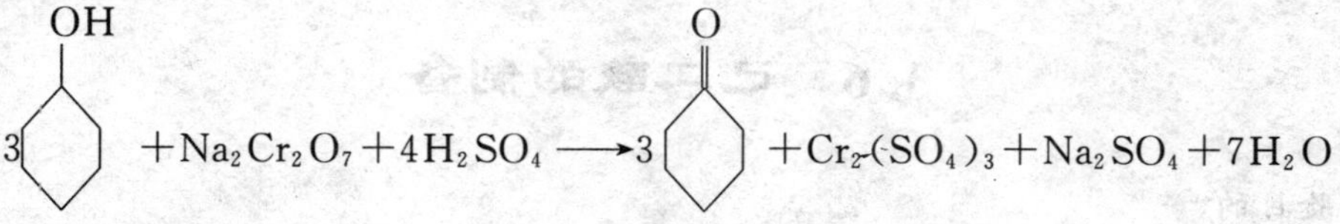

3. 实验仪器和药品

(1)仪器：圆底烧瓶、空气冷凝管、分液漏斗。

(2)药品：10g(10.5mL，0.1mol)环己醇、10.5g(0.035mol)重铬酸钠($Na_2Cr_2O_7 \cdot 2H_2O$)、浓硫酸、乙醚、精盐、无水硫酸镁。

4. 实验步骤

在400mL烧杯中，溶解10.5g重铬酸钠于60mL水中，然后在搅拌下，慢慢加入9mL浓硫酸，得一橙红色溶液，冷却至30℃以下备用。

在250mL圆底烧瓶中，加入10.5mL环己醇，然后一次加入上述制备好的铬酸溶液，振荡使其充分混合。放入一温度计，测量初始反应温度，并观察温度变化情况。当温度上升至

55℃时，立即用水浴冷却，保持反应温度在55～60℃之间。约0.5h后，温度开始出现下降趋势，移去水浴再放置0.5h以上。其间要不时振荡，使反应完全，反应液呈墨绿色。

在反应瓶内加入60mL水和几粒沸石，改成蒸馏装置。将环己酮与水一起蒸出来，直至馏出液不再混浊后再多蒸15～20mL，约收集50mL馏出液。馏出液用精盐饱和(约需12g)后，转入分液漏斗，静置后分出有机层。水层用15mL乙醚提取一次，合并有机层与萃取液，用无水碳酸钾干燥，在水浴上蒸去乙醚后，蒸馏收集151～155℃馏分，产量6～7g。

纯环己酮沸点为155.7℃，折光率n_D^{20}1.450 7。

注意：

(1)这个实验是一种简化了的水蒸气蒸馏，环己酮与水形成恒沸混合物，沸点95℃，含环己酮38.4%。

(2)环己酮31℃时在水中的溶解度为2.4g/100g。加入精盐的目的是为了降低环己酮的溶解度，并有利于环己酮的分层。水的馏出量不宜过多，否则即使使用盐析，仍不可避免有少量环己酮溶于水中而损失掉。

(3)典型的氧化剂通常都具有腐蚀性、毒性和污染环境等特点。因此开发环境友好的氧化过程，就成为一个重要的研究目标。本实验中可以使用"固体载体"试剂，即将传统的氧化剂CrO_3负载到多孔树脂(载体)上，这可以使反应的后处理步骤相当的简单，而且也能回收重金属副产物粉末，甚至可以再生被负载的副产物，用于进一步的氧化作用。

多聚物负载的CrO_3的制备。取35g氯化型大孔树脂(带有季铵盐基团的大网阴离子交换树脂都可以)，一边搅拌一边加热到100mL含有15g CrO_3的水溶液中，搅拌30min，再依次用水、丙酮、乙醚洗涤，最后在50℃下真空干燥5h。制得的负载量一般为3.8mmol CrO_3。

用多聚物负载的氧化剂代替传统的氧化剂，实验步骤较为简单。操作步骤为将适量的溶剂、反应物和多聚物负载氧化剂混合后，进行回流反应。反应结束后，冷却过滤并除去多聚物，然后再加热除去溶剂就可以得到粗产品。

5.问题讨论

(1)本实验为什么要严格控制反应温度在55～60℃之间，温度过高或过低有什么不好？

(2)环己醇用铬酸氧化得到环己酮，用高锰酸钾氧化则得到己二酸，为什么？

3.6 己二酸的制备

1.实验目的

(1)掌握酸类化合物的制备。

(2)掌握重结晶提纯方法。

2.实验原理

己二酸是最重要的脂肪族二元酸，可同己二胺等多官能团的化合物进行缩合反应。己二酸为白色结晶粉末，微带酸味，微溶于水，易溶于甲醇、乙醇、异丙醇和醚。工业上利用己二酸同己二胺的缩合反应生产尼龙66盐，再进一步缩聚可得到尼龙66树脂。己二酸还可同醇类反应生成己二酸脂，用做增塑剂，是PVC及氯乙烯共聚物、PS、乙基纤维素和硝化纤维素等的重要增塑剂，也是聚氨酯、热熔胶等产品的中间体。到2006年底全球需求量达到280万吨。尼龙66是己二酸的最大用途，占其消费量的63%。目前国外几乎所有己二酸生产厂商都采用以环己醇和环己酮混合物所组成的 KA 油为原料的硝酸氧化工艺路线，国内外实验室中也大多采用浓硝酸或高锰酸钾直接氧化法制备己二酸。这些方法都存在着操作复杂，收率不高的缺点，硝酸氧化法还存在严重的氮氧化物污染。用过氧化氢氧化法合成己二酸则不存在此问题，且具有反应条件温和、易于控制等优点，是绿色合成己二酸的好方法。本实验以环己酮为原料，在钨酸钠催化下，双氧水氧化合成己二酸。其反应式为

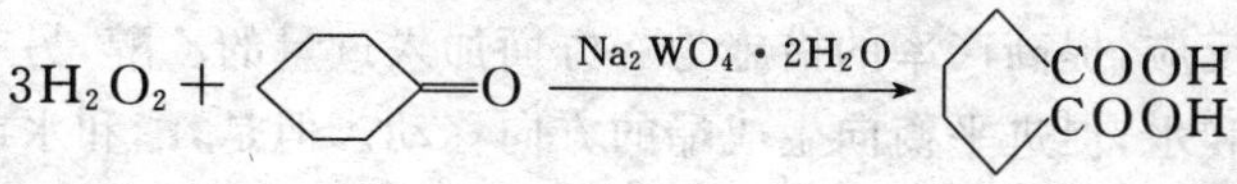

3. 实验仪器和药品

(1)仪器：电磁搅拌器、三口烧瓶、回流冷凝管、温度计。

(2)药品：$Na_2WO_4 \cdot 2H_2O$(0.74g)、磺基水杨酸(0.32g)、环己酮(10.51mL 98g，约 0.1mol)、30％双氧水。

4. 实验步骤

在装有温度计和回流冷凝管的 100mL 三口烧瓶中加入 0.74g 的 $Na_2WO_4 \cdot 2H_2O$ 和所需的配体磺基水杨酸 0.32g 作催化剂，再加入 50mL30％H_2O_2 溶液，室温下快速搅拌 20min，然后加入 10.51mL(98g，约 0.1mol)环己酮，将体积升温到 120℃回流反应 7h。反应结束后，冷却到室温，用冰水浴将反应液冷却 0.5h，己二酸从水相中结晶析出，抽滤，10mL 冰水洗涤 2～3 次，得到己二酸晶体，空气中晾干后称重，计算产率，并测定产品熔点。

纯己二酸溶点为 152℃。

注意：

(1)单纯的 $Na_2WO_4 \cdot 2H_2O$ 双氧水催化氧化体系对反应没有活性，目标产物己二酸几乎为 0；必须在配体的存在下，$Na_2WO_4 \cdot 2H_2O$ 才有催化活性。

(2)配体除了可用磺基水杨酸外，也可用水杨酸等酸性物。配体的酸性越强，己二酸的分离收率越高。

(3)酚类(如邻苯二酚、间苯二酚、对苯二酚和 2，4 二硝基苯酚)的加入对己二酸的生成有显著的促进作用(邻氨基酚除外)。

5. 问题讨论

(1)反应中为什么要加入磺基水杨酸？

(2)除了本实验所用方法之外，还有没有其他好的方法可用于己二酸的制备？

3.7　乙酸乙酯的制备

1. 实验目的

(1)掌握乙酸乙酯的制备原理及方法，掌握可逆反应提高产率的措施。

(2)掌握分馏的原理及分馏柱的作用。

(3)进一步练习并熟练掌握液体产品的纯化方法。

2. 实验原理

乙酸乙酯的合成方法很多，例如，可由乙酸或其衍生物与乙醇反应制取，也可由乙酸钠与卤乙烷反应来合成等。其中最常用的方法是在酸催化下由乙酸和乙醇直接酯化。常用浓硫酸、氯化氢、对甲苯磺酸或强酸性阳离子交换树脂等作催化剂。若用浓硫酸作催化剂，其用量

是醇的 0.3%即可。其反应式为

主反应：
$$CH_3COOH + CH_3CH_2OH \xrightleftharpoons{H_2SO_4} CH_3COOCH_2CH_3 + H_2O$$

副反应：
$$2CH_3CH_2OH \xrightleftharpoons{H_2SO_4} CH_3CH_2OCH_2CH_3 + H_2O$$

$$CH_3CH_2OH \xrightarrow{H_2SO_4} CH_2=CH_2 + H_2O$$

酯化反应为可逆反应，提高产率的措施为一方面加入过量的乙醇，另一方面在反应过程中不断蒸出生成的产物和水，促进平衡向生成酯的方向移动。但是，酯和水或乙醇的共沸物沸点与乙醇接近，为了能蒸出生成的酯和水，又尽量使乙醇少蒸出来，本实验采用了较长的分馏柱进行分馏。

3. 实验仪器和药品

(1)仪器：电热套、三口烧瓶、回流冷凝器、分馏柱。

(2)药品：冰醋酸、95%乙醇、浓硫酸、饱和碳酸钠溶液、饱和氯化钠溶液、饱和氯化钙溶液、无水碳酸钾。

4. 实验步骤

在 100mL 三口烧瓶中，加入 4mL 乙醇，摇动下慢慢加入 5mL 浓硫酸，使其混合均匀，并加入几粒沸石。三口烧瓶一侧口插入温度计，另一侧口插入滴液漏斗，漏斗末端应浸入液面以下，中间口则安装一长的刺形分馏柱，其安装方式如图 3.4 所示。

反应装置安装好后，在滴液漏斗内加入 10mL 乙醇和 8mL 冰醋酸，混合均匀，先向瓶内滴入约 2mL 的混合液。然后，将三口烧瓶在石棉网上小火加热到 110～120℃左右，这时蒸馏管口应有液体流出，再从滴液漏斗慢慢滴入其余的混合液，控制滴加速度和馏出速度大致相等，并维持反应温度在 110～125℃之间。滴加完毕后，继续加热 10min，直至温度升高到 130℃不再有馏出液为止。

图 3.4 反应装置图

馏出液中含有乙酸乙酯及少量乙醇、乙醚、水和醋酸等，在摇动下，慢慢向粗产品中加入饱和的碳酸钠溶液(约 6mL)至无二氧化碳气体放出,酯层用 pH 试纸检验呈中性。移入分液漏斗中,充分振摇(注意及时放气!)后静置,分去下层水相。酯层用 10mL 饱和食盐水洗涤后,再每次用 10mL 饱和氯化钙溶液洗涤两次,弃去下层水相,酯层自漏斗上口倒入干燥的锥形瓶中,用无水碳酸钾干燥。

将干燥好的粗乙酸乙酯小心倾入 60mL 的梨形蒸馏瓶中(不要让干燥剂进入瓶中),加入沸石后在水浴上进行蒸馏,收集 73~80℃的馏分。产量 5~8g。

注意:

(1)加料滴管和温度计必须插入反应混合液中,加料滴管的下端离瓶底约 5mm 为宜。

(2)当加浓硫酸时,必须慢慢加入并充分振荡烧瓶,使其与乙醇均匀混合,以免在加热时因局部酸过浓引起有机物炭化等副反应。

(3)反应瓶里的反应温度可用滴加速度来控制。当温度接近 125℃时,可适当加快滴速;当温度降到接近 110℃时,可适当减慢滴速;当温度降到 110℃时停止滴加;待温度升到 110℃以上时,再滴加。

(4)本实验酯的干燥用无水碳酸钾,通常至少干燥 30min 以上,最好放置过夜。但在本实验中,为了节省时间,可放置 10min 左右。由于干燥不完全,可能前馏分多些。

5. 问题讨论

(1)为什么使用过量的乙醇?

(2)蒸出的粗乙酸乙酯中主要含有哪些杂质?如何逐一除去?

(3)能否用浓的氢氧化钠溶液代替饱和碳酸钠溶液来洗涤蒸馏液?为什么?

(4)用饱和氯化钙溶液洗涤的目的是什么?为什么先用饱和氯化钠溶液洗涤?是否可用水代替?

(5)如果在洗涤过程中出现了碳酸钙沉淀,如何处理?

3.8 乙酸正丁酯的制备

1. 实验目的

(1)了解酯化反应的特点。

(2)掌握酯类化合物的制备方法。

2. 实验原理

乙酸正丁酯是一种具有水果味的无色易燃液体,可作为优良的有机溶剂,对醋酸丁酸纤维、乙基纤维素、氯化橡胶、聚苯乙烯、甲基丙烯酸树脂以及许多天然橡胶等(如栲胶、马尼拉胶等)均有良好的溶解性能,广泛应用于硝化纤维清漆中,在各种石油加工和制药过程中用做萃取剂,也用做香料复配及杏、香蕉、梨、菠萝等各种香味剂的成分。

乙酸正丁酯的工业生产与大多数酯类化合物相同,均采用浓硫酸作催化剂,虽然反应时间较短,但由于有氧化、炭化、磺化和异构化等副反应存在,使反应收率下降,产品质量差,反应后处理工艺复杂,而且硫酸对反应设备腐蚀严重,易造成环境污染。因此,近年来人们一直在寻找更优良的催化剂来代替硫酸。已发现硫酸树脂、固体超酸、杂多酸以及过渡金属硫酸盐等均可作为酯化反应的优良催化剂。一水合硫酸氢钠作催化剂价廉易得,性质稳定,不溶于有机酸和醇,易溶于水,其溶液显强酸性,且处理简单,在适宜的条件下,酯收率达 94.09%。与合成乙酸正丁酯的其他催化剂，如固载杂多酸盐、氯化亚锡、氯化铁、十二合水合硫酸铁铵、胺磺酸、对甲苯磺酸相比较，一水合硫酸氢钠具有良好的工业应用前景。其反应为

$$CH_3COOH+CH_3CH_2CH_2CH_2OH \xrightarrow[101\sim122℃]{NaHSO_4 \cdot H_2O} CH_3COOCH_2CH_2CH_2CH_3+H_2O$$

3. 实验仪器和药品

(1)仪器：电热套、三颈瓶、回流冷凝器、蒸馏瓶。

(2)药品：正丁醇 0.26mol，冰醋酸 0.2mol，一水合硫酸氢钠 1.0g。

4. 实验步骤

在装有温度计及回流冷凝器的三口烧瓶中，加入 0.2mol 冰醋酸、0.26mol 的正丁醇以及 1.0g 的一水合硫酸氢钠。再向反应体系中加入几粒玻璃珠，电热套加热回流分水，温度控制在 101～122℃。待分水完毕，冷却后将反应物直接倒入蒸馏瓶中，固体催化剂留在三口烧瓶中以备下次使用。加热蒸馏，收集 124～126℃的馏分，称重，计算收率。

注意：

(1)催化剂一水合硫酸氢钠对酯化反应有明显的催化活性，反应速度快，反应只需约 30min 即可完成。当催化剂用量为 0.5g 时已有明显的催化效果，当用量为 1.0g 时酯收率最高，催化剂用量再增加，酯收率不再升高，反而下降。因此催化剂用量以 1.0g 为合适。

(2)从实验现象观察，反应进行的前 15min 之内出水速度很快，15min 后，出水量明显减少，近 30min 时，几乎不出水。因此最佳反应时间为 30min。

(3)一水合硫酸氢钠是强离子型化合物，易溶于水，不溶于反应体系，所以酯化反应完毕后，反应液可以用“倾析法”直接使出蒸馏，催化剂留在反应瓶中。同时合成乙酸正丁酯的前馏分是醇、酯和水的二元或三元共沸液，可以在催化剂重复使用过程中继续使用，以减少损失。

(4)由于催化剂每一次使用后结晶水都被部分分出，因此以后每次使用过程中均须加入水启动反应。催化剂重复使用次数为 3 次左右，但可方便地用重结晶法再生。

5. 问题讨论

(1)本实验中对醇和酸的摩尔比有什么要求？

(2)硫酸氢钠作为催化剂的催化机理是什么？

3.9 邻苯二甲酰亚胺的制备

1. 实验目的

(1)了解酰胺的合成方法。

(2)掌握邻苯二甲酰亚胺的合成方法。

2. 实验原理

本实验利用邻苯二甲酸酐与尿素反应来合成。其反应式为

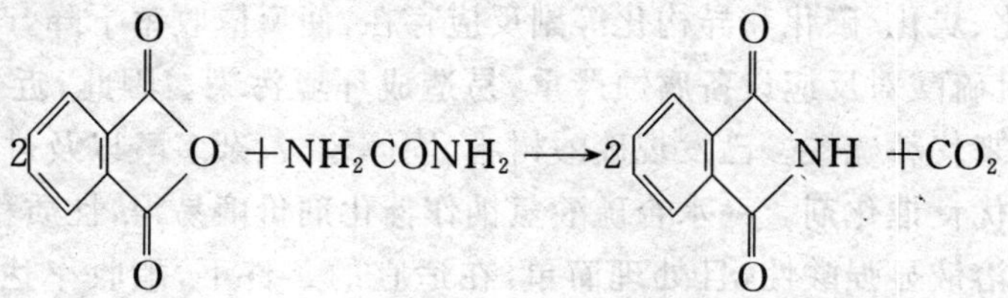

3. 实验仪器与药品

(1)仪器：10mL 圆底烧瓶、球形冷凝管、干燥管、漏斗、吸滤瓶。

(2)药品：邻苯二甲酸酐、尿素。

4. 实验步骤

将 2.5g 邻苯二甲酸酐和 0.5g 尿素混匀后，加入装有回流冷凝管的 10mL 圆底烧瓶中，在 130～135℃的油浴中加热，约 20min 左右，瓶中物质突然上冲，并变成固体，此时移去油浴，冷却后加入 3mL 冷水，使固体崩解，抽滤，并用少量的冷水洗涤，干燥后测定熔点。

纯邻苯二甲亚胺为白色结晶粉末，熔点为 234～236℃。

5. 问题讨论

本实验中有哪些副产物？如何将它们除去？

3.10　苯甲酸的制备

1. 实验目的

掌握苯甲酸的制备方法。

2. 实验原理

苯甲酸的制备是有机化学实验的基本合成实验之一。传统的制备方法是采用高锰酸钾在水溶液中氧化甲苯，然后酸化得苯甲酸，存在着反应时间长，产生大量固体二氧化锰污染物等缺点。本实验以苯甲醇和氢氧化钠为原料，使用铜催化剂催化氧化制备苯甲酸，反应中使用的铜催化剂可以重复使用，整个过程没有有害废物排放，为环境友好的合成方法。其反应式为

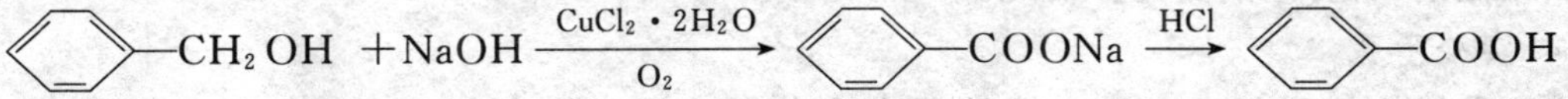

3. 实验仪器与药品

(1)仪器：电磁搅拌器、圆底烧瓶、水浴锅、冷凝器。

(2)药品：苯甲醇 2.2g(0.02mol)、氢氧化钠 1.0g(0.025mol)、$CuCl_2 \cdot 2H_2O$ 0.3g(1.7mol)。

4. 实验步骤

在 50mL 圆底烧瓶中分别加入 2.2g(0.02mol)苯甲醇，1.0g(0.025mol)氢氧化钠和 0.3g(1.7mol)$CuCl_2 \cdot 2H_2O$，装上空气回流冷凝器后，在电磁搅拌器上油浴加热至苯甲醇回流。当圆底烧瓶中的固体不断增加，苯甲醇基本消失后停止加热。待反应混合物冷却至接近室温时，加入 25mL 水并加热回流 10min，然后用布氏漏斗过滤，再用 5mL 水洗，然后回收铜催化剂。滤液用浓盐酸酸化到 pH≤2，可以看到有大量白色固体析出，静置 15min 后用布氏漏斗抽滤，将白色粉末固体在空气中晾干，得苯甲酸产品。熔点 120～122℃，收率为 80%。

注意：铜(II)为催化脱氢反应的催化剂，在空气中氧的作用下催化剂铜(II)可以再生。

5. 问题讨论

苯甲醇催化氧化法制备苯甲酸的反应机理是什么？

3.11　甲基橙的制备

1. 实验目的

(1)了解与掌握重氮化反应。

(2)掌握甲基橙的制备方法。

2. 实验原理

甲基橙广泛应用于生产和科学实验中，常用做酸碱指示剂和生物染料。

传统的甲基橙的制备方法可分为重氮化和偶合两部分。重氮盐的制备是在100mL烧杯中进行，重氮盐的偶合反应，包括后续过程的结晶处理也是在烧杯等敞开体系中进行。这种制备方法存在的问题是当把亚硝酸钠和对氨基苯磺酸溶液往盐酸溶液滴加时，由于生成的亚硝酸盐不能即刻完全重氮化，总有大量的氮的氧化物扩散到空气中，这不但会造成对环境的污染，而且也会危害操作者的身体健康，更不符合绿色化学的思想。本实验所采用的方法是遵循从源头和过程中尽可能减少污染的绿色化学原则改进而来的，使甲基橙的制备在密闭体系中进行。其反应式为

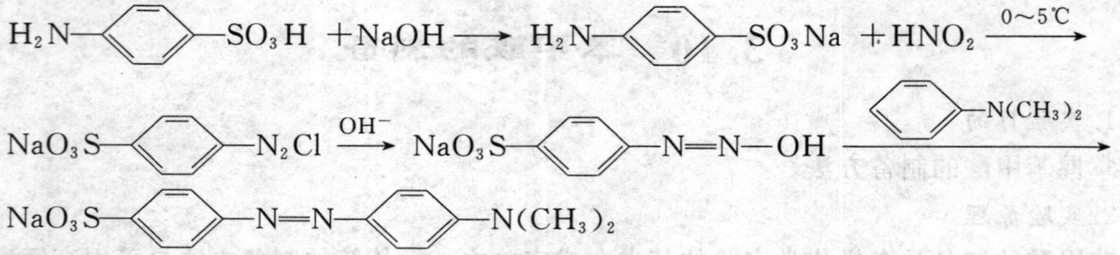

3. 实验仪器与药品

(1)仪器：电磁搅拌器、水浴锅、三口烧瓶、恒压漏斗、冷凝管、电热套。

(2)药品：对氨基苯磺酸1g，N,N'-二甲基苯胺0.7mL、亚硝酸钠0.4g、冰醋酸0.5mL、盐酸、氢氧化钠，所有试剂均为分析纯。

4. 实验步骤

(1)重氮盐的制备。在电磁搅拌器上安装一个置于冰盐浴中的50mL三口烧瓶，加入4mL冰水和1.3mL浓盐酸，三口烧瓶的一口插入温度计，一口插入恒压漏斗，另一口插上回流冷凝管，并将其上端用导气管连接到氢氧化钠吸收装置。

在另一个小烧杯中加入1g对氨基苯磺酸晶体，加入5mL 15%的氢氧化钠溶液，在电热套中温热，使之溶解，并加入0.4g亚硝酸钠晶体，搅拌溶解，转移到恒压漏斗中。

开启电磁搅拌，把恒压漏斗中的溶液不断滴入已经是0℃的盐酸溶液中，便会不断出现白色细粒沉淀，当恒压漏斗内的溶液加完后，用2mL水洗涤漏斗，并滴入三口烧瓶中，之后在冰盐浴中继续搅拌，保持15min。

(2)重氮盐的偶合。用量筒量取N,N'-二甲苯胺0.7mL和冰醋酸0.5mL，混合均匀后加入到恒压滴液漏斗中，在搅拌下缓缓将该溶液滴入到已制得的重氮盐的三口烧瓶中，滴完后，继续搅拌10min，此时，有红色的酸性黄色沉淀析出，再经恒压滴液漏斗滴入18mL 10%的氢氧化钠溶液，反应物变为橙色。粗制的甲基橙呈细粒状沉淀结晶(有时会成胶状沉淀)，为了得到好的结晶，撤除冰盐浴，对反应体系加热至沸，使粗制甲基橙产品溶解后，稍冷，置冰浴中冷却，抽滤，待甲基橙全部重新结晶析出后，抽滤结晶，即得甲基橙粗品。

若要得到较纯的产品，可用溶有少量氢氧化钠(约0.15g)的沸水(每克粗产物约需25mL)进行重结晶，得橙色片状晶体。产品没有确定的熔点，因此不必测定熔点，可用红外光谱分析，结果如图3.5所示。

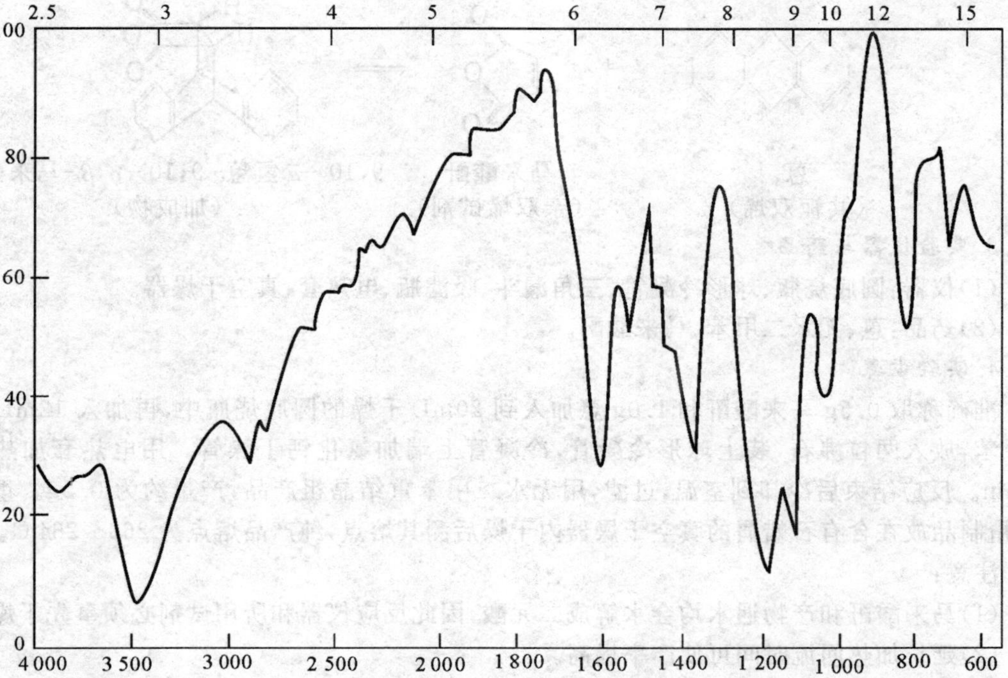

图 3.5　甲基橙的红外光谱图

注意：

(1) 改进后的半微量实验在三口烧瓶内进行，排出的气体经过溶液吸收后才放空，在这种封闭体系内进行的实验，体现了从实验源头及全过程中减少污染的绿色化学思想。

(2)改进后的实验操作，不仅没有气体污染，而且在封闭体系内进行实验反应比在烧杯中进行反应严格、规范、科学、合理和环保。

(3)甲基橙的这种制备方法，试剂量减少一半，抽出的产品可以用做指示剂。

(4)甲基橙的重结晶操作，建议在带吸收装置的三口烧瓶内进行，即仍在原反应器中进行，以防止有毒气体污染。

5. 问题讨论

(1)在本实验中，当制备重氮盐时为什么要把对氨基苯磺酸变成钠盐？本实验如改成下列操作步骤：先将对氨基苯磺酸与盐酸混合，再滴加亚硝酸钠溶液进行重氮化反应，可以吗？为什么？

(2)试解释甲基橙在酸碱介质中的变色原因，并用反应式表示。

3.12　9,10 -二氢蒽- 9,10 - α,β -马来酸酐的制备

1. 实验目的

掌握 Diels - Alder 反应的原理及其在有机合成中的应用。

2. 实验原理

反应式为

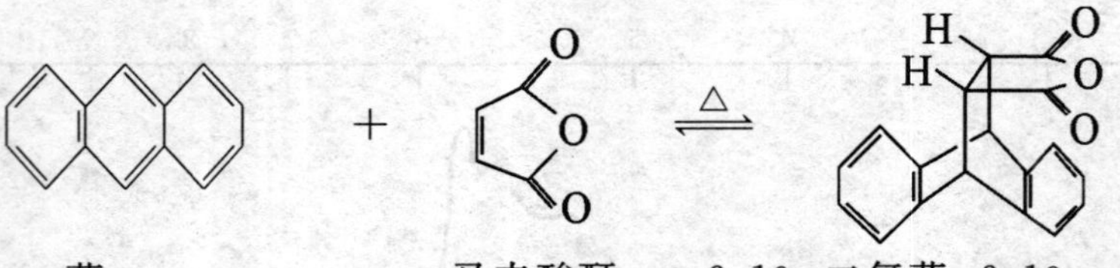

蒽　　　　　马来酸酐　　　9,10-二氢蒽-9,10-α,β-马来酸酐
(共轭双烯)　　(亲双烯试剂)　　　(加成物)

3. 实验仪器与药品

(1)仪器：圆底烧瓶、球形冷凝管、三角漏斗、吸滤瓶、电热套、真空干燥器。

(2)药品：蒽、无水二甲苯、马来酸酐。

4. 实验步骤

准确称取 0.5g 马来酸酐和 1.0g 蒽加入到 20mL 干燥的圆底烧瓶中，再加入 12mL 无水二甲苯，放入两粒沸石，装上球形冷凝管，冷凝管上端加氯化钙干燥管。用电热套加热回流 30min。反应结束后冷却到室温，过滤，用无水二甲苯重结晶粗产品，产量约为 0.5g。重结晶后，精制品放在含有石蜡屑的真空干燥器内干燥后测其熔点，纯产品熔点为 263～264℃。

注意：

(1)马来酸酐和产物遇水均会水解成二元酸，因此反应仪器和所用试剂必须事先干燥。

(2)延长加热回流时间可使产率提高。

5. 问题讨论

(1)干燥器内放入石蜡的目的是什么？

(2)产物干燥的好坏对最终的结果会有什么影响？

3.13　羟醛缩合反应

1. 实验目的

(1)掌握羟醛缩合反应的原理。

(2)了解无溶剂绿色合成方法及应用。

2. 实验原理

羟醛缩合反应是一种形成碳-碳键的普遍的、有效的方法。其碱催化的反应机理如下：

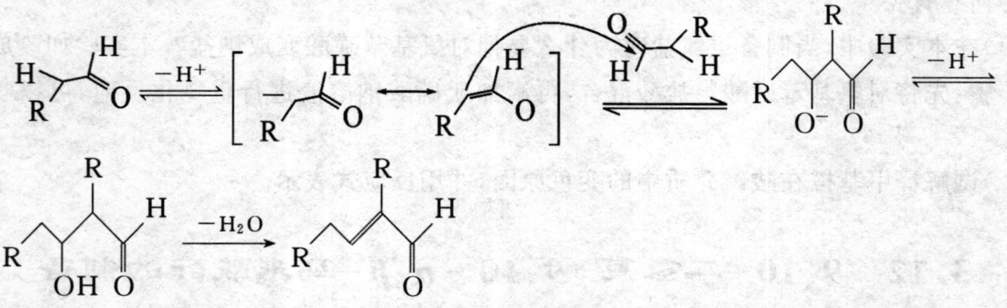

本实验中将研究 3,4-二甲氧基苯甲醛和 1-茚酮间的缩合反应，其反应式为

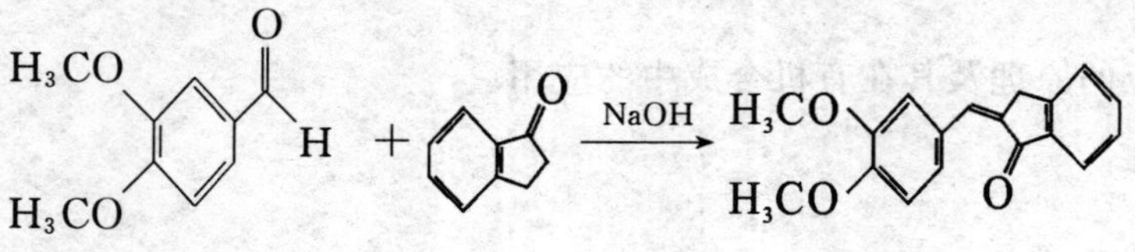

与典型的羟醛缩合反应实验步骤对比，这个反应将在无溶剂的条件下进行。事实上很多反应无需溶剂就能很好地进行，意味着可能达到最好的选择良好溶剂的目标。虽然这些反应是在无溶剂状态下，但因为固态反应物的混合物最终会熔化，实际上这些反应还是在液态下进行的。

3. 仪器与药品

(1)仪器：真空泵、抽滤瓶、研钵。

(2)药品：3,4－二甲氧基苯甲醛、1－茚酮、氢氧化钠、10% HCl水溶液、乙醇。

4. 实验步骤

(1)将0.25g 3,4－二甲氧基苯甲醛和0.20g 1－茚酮放入一个试管中，使用金属制的刮勺，将两种固体放在一起压碎直到它们变成棕色油状。

(2)向反应混合物中加入0.05g研磨好的固态氢氧化钠并继续搅磨直到混合物变成固态。

(3)混合物静置15min，然后加入2mL 10%的HCl水溶液。把产物从试管壁上尽量刮下来。检查溶液的pH值并确定溶液显酸性。

(4)真空过滤分离固体产物，继续抽真空使固体干燥，称重粗产物的质量。

(5)用90%乙醇和10%水溶液对产物重结晶，先用热溶剂洗掉试管中的残留产物，重结晶的溶剂用量不超过20mL。

(6)确定重结晶产物的质量和熔点(纯物质的熔点范围是178～181℃)。

5. 问题讨论

(1)混合物与纯物质相比，其熔点会发生怎样的变化？

(2)计算反应的原子经济性。

(3)两个不同的羰基化合物间的羟醛缩合反应的产物是什么？

3.14　1,3－二苯乙烯的绿色溴化

1. 实验目的

(1)掌握烯烃的卤代反应。

(2)了解绿色化学中安全溶剂的概念。

2. 实验原理

烯烃的溴化是一个加成反应，溴加成到双键上得到邻位的二溴代物。本实验的化学反应式为

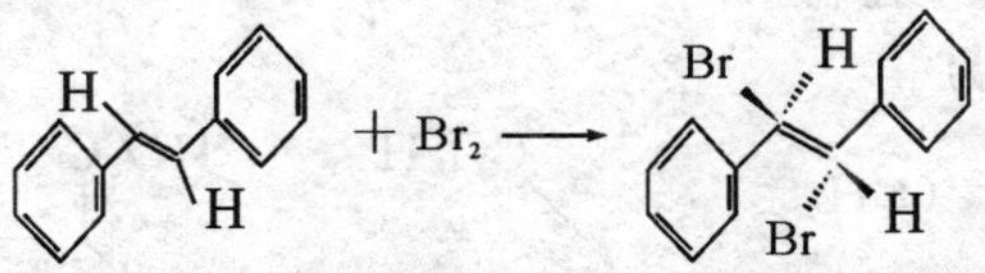

通常，烯烃的溴化是用溴在含氯的溶剂中进行的，如四氯化碳或二氯甲烷，这两种溶剂都被怀疑是致癌物质。而溴也易挥发并且腐蚀性很强，与皮肤接触会引起强烈的烧伤，并且对呼吸造成极大的危害。本实验中利用溴的原位生成，通过氢溴酸与过氧化氢的氧化生成溴，然后与(*E*)-1,2－二苯乙烯反应生成溴代物。其反应式为

$$2HBr + H_2O_2 \longrightarrow Br_2 + 2H_2O$$

3. 实验仪器与药品

(1)仪器：电磁搅拌器、100mL 三口烧瓶、冷凝管、水浴锅、真空泵、抽滤瓶。

(2)药品：(*E*)-1,2-二苯乙烯、乙醇、浓氢溴酸、30%过氧化氢、碳酸氢钠溶液、pH 试纸。

4. 实验步骤

在一个 100mL 的三口烧瓶中放入一个电磁搅拌器，加入 0.5g 的(*E*)-二苯乙烯和 10mL 的乙醇，并在其上安装冷凝管。

用热水浴加热并搅拌，边搅拌边加热混合物保持回流，直至大多数固体物质溶解为止。

缓慢地加入浓的 HBr 水溶液，如果此时出现固体(固体是什么?)是正常现象，继续加热和搅拌，大多数固体又将溶解，即使有一些未溶解的固体，也可继续下步操作。

量取 0.8mL 30%的过氧化氢，逐滴加入到反应混合物中。开始时无色的混合物将变成暗金黄色。

保持回流，继续搅拌和加热反应混合物，直至黄颜色消失，混合物呈乳白色。

从热水浴中移开三口烧瓶，并冷却至室温，用 pH 试纸检查溶液的酸碱性，通过加入碳酸氢钠浓溶液将溶液的 pH 值调至 5～7 之间。

在冰水浴中冷却反应混合物，使更多的产品从溶液中析出，经真空过滤收集固体，用冷水洗涤。用非常冷的乙醇洗涤产物能够帮助去除微量的杂质，但是，必须小心使用，避免溶解过量的产品。持续抽真空直到产物干燥。

称量产品的质量，测定熔点(理论值为 241℃)。

5. 问题讨论

(1)计算反应的原子经济性。

(2)溴的原位生成如果采用溴化钠与硫酸的反应可以吗？与本实验相比，这个反应有什么缺陷？

3.15 肉桂酸的光化学反应

1. 实验目的

(1)掌握[2+2]环加成反应。

(2)了解有机光化学反应的相关知识。

2. 实验原理

环加成反应在有机合成上非常重要。通过环加成反应，很容易做到单步合成形成多个新键，并且得到良好的立体化学控制。

本实验的化学反应式为

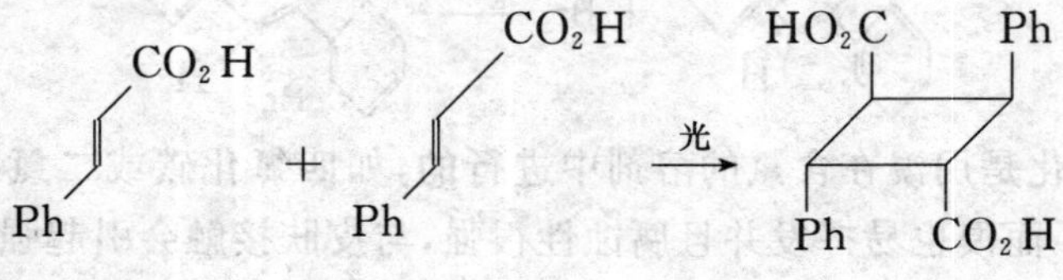

3. 实验仪器与药品

(1)仪器：125mL 锥形瓶、电炉、抽滤装置。

(2)药品：*tran*-肉桂酸、四氢呋喃、甲苯。

4. 实验步骤

取 1.5g *tran*-肉桂酸置于 125mL 锥形瓶中，加大约 2mL 四氢呋喃(THF)。

将混合物微热，使肉桂酸溶解。从热源上移开锥形瓶，边冷却边慢慢旋转锥形瓶，使肉桂酸晶体覆盖在锥形瓶壁。如果覆盖不均匀重新加热，再试。待其充分干燥后，夹住锥形瓶上端倒置 30min。排掉溶剂蒸气，塞住瓶口，倒置在大烧杯中，把大烧杯放在日光灯下照射。1 周后转换锥形瓶，照射另一面。

第二周的光照结束后，把固体转移到一个小锥形瓶中，加 15mL 甲苯，加热到 40℃，使未反应的肉桂酸溶解，过滤分离出不溶固体，再用 10mL 甲苯洗涤，继续抽空气，直至产品干燥。

让产品在空气中自然干燥，称重，记录产率和熔点。

5. 问题讨论

(1)计算实验中的理论产率及实际产率。如产率较低，请分析原因。

(2)*tran*-肉桂酸的光照反应可以生成多少种产物？画出各种产物的结构式。

3.16　二茂铁的乙酰化

1. 实验目的

(1)掌握典型的非苯系芳香的亲电取代反应。

(2)掌握薄层色谱的应用方法。

(3)掌握有色溶液脱色的方法。

2. 实验原理

通常一个单环状化合物具有平面结构的原子完全共轭排列，π 电子数为 $4n+2$(n 为整数)的离域体系，该化合物就具有芳香性。二茂铁就是这样的一个化合物，它能有效地发生 Friedel-Crafts 酰基化反应，即

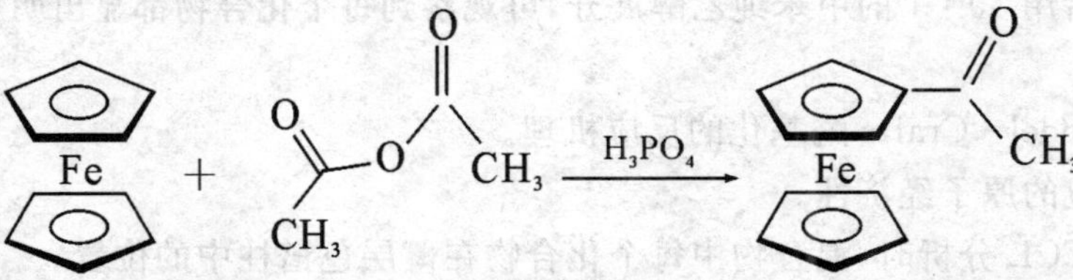

在典型的 Friedel-Crafts 酰基化反应中，需要三氯化铝等 Lewis 酸作催化剂，这些催化剂具有腐蚀性，接触到潮湿空气后，就会放出氯化氢。在实验中，要求过量的催化剂，这会导致相当数量的酸性含铝废物的产生。同时反应还需卤代甲烷或二硫化碳作溶剂，它们对环境和人体健康都有不利的影响。

本实验使用更绿色、更友好的磷酸作催化剂，不使用有机溶剂，过量的乙酸酐作为反应物之一在该反应中可以起到溶剂的作用。

3. 实验仪器与药品

(1)仪器：电磁搅拌器、20mL 圆底烧瓶、干燥管、回流冷凝管、水浴锅、真空抽滤装置、小锥形瓶、薄层色谱柱。

(2)药品：二茂铁、乙酰酐、85%磷酸、3mol·L^{-1} NaOH 溶液、固体碳酸氢钠、环己烷、氯化钙、活性炭、乙醇。

4. 实验步骤

取1.5g二茂铁置于带有电磁搅拌器的20mL圆底烧瓶中。

在通风橱中，向圆底烧瓶中加入5.0mL乙酰酐和1.0mL 85%磷酸。反应混合物用热水浴间歇加热后，应变黑，摇动烧杯直到二茂铁全溶。

在烧瓶上安装一个配有氯化钙干燥管的回流冷凝管，然后用沸水浴加热混合物，边搅拌边加热10min，期间可能出现紫色。

把反应混合物倾入200mL盛有25g(约60mL)冰的烧杯中，每次用5mL冰水洗涤烧瓶2次(瓶中可能留有黑色残渣)。用玻璃棒将橙棕色混合物搅拌几分钟。在下一步中任何不溶的黑色物质都将被除去。

加入37.5mL的3mol・L^{-1} NaOH水溶液，然后小心地把固体碳酸氢钠分成小份分批加入，直到溶液由酸性变成中性(需7～8g)。当加入碳酸氢钠时要特别小心避免生成过量泡沫，操作时，要边搅拌均匀，边压碎全部结块，得到一个深棕色的悬浮液。

待混合物静置20min后，减压抽滤收集粗产物，待抽滤完毕后，再继续抽空气使其干燥。在两张滤纸或纸巾之间挤压固体产物，使其完全干燥。留一点粗产物作薄层色谱(TLC)分析。

把固体和搅拌棒转移到一个小锥形瓶中，加20mL环己烷，边搅拌边加热煮沸5min，然后，将这个深橙色溶液慢慢倒入另一个锥形瓶中，留下黑色黏稠物质。

向热溶液中加一满勺活性炭(量不能太多，否则会影响产率)，边搅拌边加热，然后，趁热过滤除去活性炭。

把锥形瓶放置一边使其慢慢冷却，红棕色针状乙酰二茂铁开始形成。一旦锥形瓶达到室温，就用冰冷却。减压抽滤，收集结晶产物，用少许冷的环已烷洗涤后，再继续抽空气几分钟，使其干燥。

称重，计算产率，并测定熔点(乙酰二茂铁的理论熔点82～83℃)。用TCL分析粗产品和重结晶后的产品。用几滴甲苯分别溶解少量纯二茂铁，将粗产品和重结晶后的乙酰二茂铁点在硅胶板上，然后用30：1的甲苯纯乙醇展开，可观察到每个化合物都显出明亮的颜色。

5. 问题讨论

(1)写出Friedel－Crafts酰基化的反应机理。

(2)计算反应的原子经济性。

(3)指出作TCL分析时，混合物中每个化合物在薄层色谱柱中的位置。

注意：薄层色谱柱的制备。取两块载玻片(7.5cm×2.5cm)，用蒸馏水洗净使之表面光洁无斑痕。称2.5g硅胶G(薄层层析用)于洁净的烧杯中，加入7～8mL蒸馏水，搅拌调成均匀糊状(无气泡)，倾注到载玻片上。然后捏住载玻片一端边缘方向摇匀，并轻轻在桌边敲动，使硅胶均匀地涂布在载玻片上。将制好的薄层板放置在水平桌上，晾干，再放入烘箱于105～110℃活化30min。

点样时，应在距硅胶薄层顶端1cm处，点样后形成的斑点直径不能超过2mm。

3.17 5,10,15,20－四苯基卟啉的微波合成

1. 实验目的

(1)掌握紫外可见光谱和微波技术在有机合成中的应用。

(2)掌握卟啉的合成方法。

2. 实验原理

卟啉在生物体内有着重要的作用。卟啉内大量的共轭体系使其在近可见光区具有强烈的吸收特性，所以卟啉显示为暗红色到紫色。

卟啉骨架的合成是由苯甲醛和吡咯通过8电子取代反应形成的，初始产物为卟啉原。卟啉原空气氧化后得到最终的卟啉产物。其反应式为

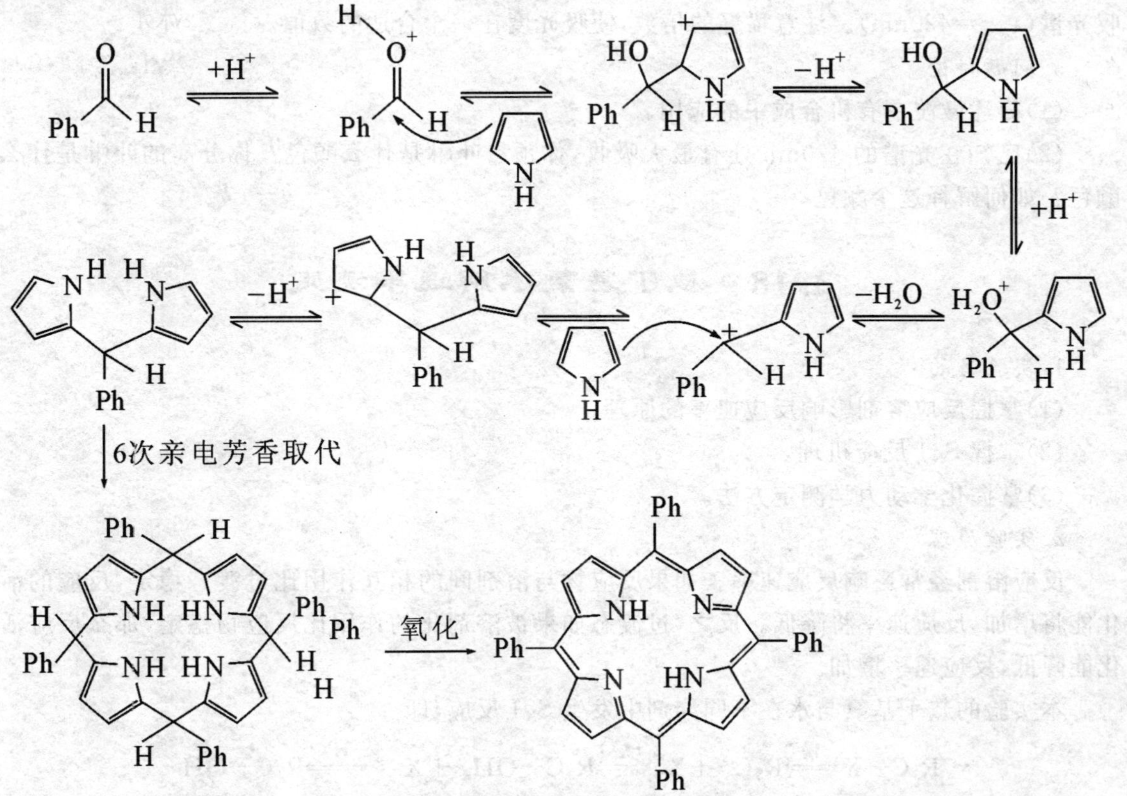

传统的卟啉骨架的合成方法是在具有腐蚀性的高沸点溶剂(例如丙酸)中进行的。一种可替换的合成方法通常要用到很大体积的含有腐蚀性的Lewis酸催化剂的卤代溶剂，通常使用有毒试剂去氧化卟啉原为卟啉。本实验中利用吡咯与苯甲醛在高温气态生成卟啉原中间体，最后中间体被氧气(空气)为卟啉产品。气相反应是一种可避免使用有害溶剂来制备有机化合物的方法。气相反应所需要的高温在本实验中由微波提供。

3. 实验仪器与药品

(1)仪器：1 000W的微波炉、旋转蒸发仪、TCL色谱柱、分液漏斗、锥形瓶、耐热玻璃盖。

(2)药品：苯甲醛、吡咯、硅胶、乙酸乙酯、二氯甲烷、己烷、三乙胺。

4. 实验步骤

将0.43mL苯甲醛和0.3mL吡咯放在一个25mL锥形瓶中混合。混合完全后，再加入0.63g硅胶，塞住锥形瓶，使其混合，直到硅胶均匀地完全被反应混合物覆盖。

将装有反应混合物的锥形瓶放在1 000W微波炉中，用一块耐热玻璃盖好，以2min为间隔，加热5次，共10min。

在反应完全后，将混合物冷却至室温，然后加入约15mL的乙酸乙酯。过滤溶液除去硅

胶，然后再用旋转蒸发仪除去乙酸乙酯。再用 1mL CH_2CH_2 萃取残留物，准备下一步作薄层色谱分析。

用薄层色谱分析产品混合物。将混合物点在一个硅胶 TCL 板上，使用 7∶1 己烷/乙酸乙酯混合物展开。可以通过紫色很容易地辨别 5,10,15,20-四苯基卟啉。

在一个样品瓶中滴入 1～2 滴高色度的四苯基卟啉溶液，加入 7∶1 己烷/乙酸乙酯混合物将其稀释到 4mL。加几滴三乙胺防止由于残存的痕量酸使卟啉质子化。测量其紫外可见吸收光谱(λ_{max}=420nm)。注意稀释的倍数，使吸光度在一个合适的数值。

5. 问题讨论

(1)简述微波在有机合成中的应用。

(2)已知在光谱的 420nm 处有最大吸收，你预料卟啉是什么颜色？你分离的卟啉是什么颜色？如何解释这个颜色。

3.18 叔丁基氯水解速率测定

1. 实验目的

(1)掌握反应溶剂影响反应速率的原理。

(2)掌握 S_N1 反应机理。

(3)掌握化学动力学测定方法。

2. 实验原理

反应溶剂经常影响反应速率。如果反应物与溶剂间的相互作用比过渡态稳定，反应的活化能将增加，反应速率将降低。反之，过渡态如果被溶剂化的作用比反应物稳定，那么反应活化能降低，反应速率增加。

本实验的叔丁基氯与水在不同溶剂中发生 S_N1 反应，即

$$R_3C-X \xrightleftharpoons{\text{慢}} R_3C^+ + X^- \xrightleftharpoons{H_2O} R_3C-OH_2^+ + X^- \xrightleftharpoons{-HX} R_3C-OH$$

第一过渡态是慢反应步骤，C-Cl 键部分断裂，氯带有部分负电荷，碳带有部分正电荷。极性溶液比非极性溶剂将更好地稳定电荷分离的过渡态。因此，忽略反应物在溶剂化作用上的一些差异，增加溶液的极性，可使极性过渡态更好地溶剂化，进而降低反应活化能，提高水解反应速率。类似，如果换成含有更多氢键的溶剂，使带有部分负电荷的氯与氢键结合，可提高过渡态溶液稳定性，这也会提高水解反应速率。

3. 实验仪器与药品

(1)仪器：秒表、25mL 酸式滴定管、250mL 锥形瓶、100mL 容量瓶。

(2)药品：叔丁基氯、溴百里酚蓝指示剂、0.04mol·L^{-1} NaOH 溶液、混合溶剂：50/50 丙酮/水、60/40 丙酮/水、50/50 2-丙醇/水、60/40 2-丙醇/水。

4. 实验步骤

取 100mL 一种混合溶剂，移入锥形瓶，塞住后在实验室放置一段时间，使之温度与环境温度一致，记录此温度。

称量 1g(±0.01g)叔丁基氯，置于 100mL 的容量瓶中，用混合溶剂稀释到刻度，摇匀，记录时间。注意操作时，一定要防止混合溶剂的挥发。

取 2 个锥形瓶分别加入 10mL 水，再分别取 10mL 反应混合物样品加入其中，至少放置 1h，作为“无穷”时间的样品。

按照适合你所选用的溶剂的时间间隔，移取等量的反应混合物。在每个样品时间内，取出 10mL 样品，置于盛有 15mL 丙酮的 125mL 的锥形瓶中，记录时间，这个时间即为每个样品停止反应的准确时间。在锥形瓶中加入 3 滴溴百里酚蓝指示剂溶液，用 NaOH 标准溶液滴定至溶液变蓝，蓝色持续 20s 不消失即为终点，记下 NaOH 溶液的体积。

当移取每个等量样品时，要确保吸液管洁净，干燥。对于 50/50 混合溶剂，每 15min 采集一次数据，到 90min 结束，最后一个数据在 115min 时采集。对于 60/40 混合溶剂，每 20min 采集一次数据，到 120min 时结束。

采集完数据后，以相同的方式滴定 2 个无穷大时间样品，记录每次到达滴定终点时消耗 NaOH 的体积。

以滴定“无穷”时间样品的数据计算$[HCl]_{\infty}$。

以每个等量反应混合物的滴定数据，计算每个样品时间内存在溶液中的 HCl 浓度，记为$[HCl]_t$。

以 $\ln([HC]_{\infty}-[HCl]_t)-t$ 作图，计算直线斜率，并由此计算反应速度。

5. 问题讨论

(1)为什么说反应混合物放入丙酮中的时间即为反应的终止时间？

(2)在这个实验中，有一些叔丁基酯生成，这样会不会影响反应的动力学性质？

(3)实验结果是否与理论一致？哪种溶剂的影响较大？

第4章 综合性、设计性实验

4.1 从茶叶中提取咖啡因

1. 实验目的

(1)学习从植物中提取生物碱的原理及方法。

(2)学会脂肪提取器(索氏提取器)的安装及使用。

(3)练习升华法纯化咖啡因的方法。

2. 实验原理

茶叶中含有多种生物碱,其中以咖啡碱为主,约占1%～5%。另外还含有11%～12%的丹宁酸(又名鞣酸),0.6%的色素、纤维素、蛋白质等。咖啡碱是弱碱性化合物,易溶于氯仿(12.5%)、水(2%)及乙醇(2%)等。在苯中的溶解度为1%(热苯中为5%)。丹宁酸易溶于水和乙醇,但不溶于苯。

咖啡碱是杂环化合物嘌呤的衍生物,它的化学名称是1,3,7-三甲基-二氧嘌呤,又称咖啡因,其结构式为

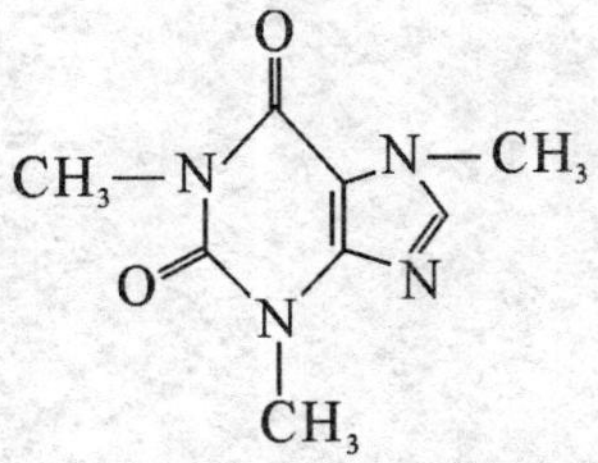

咖啡因系无色针状晶体,味苦,能溶于水、乙醇、氯仿等。含结晶水的咖啡因在100℃时即失去结晶水并开始升华,120℃时升华相当显著,178℃时升华很快。无水咖啡因的熔点为234.5℃。

为了提取茶叶中的咖啡因,往往利用适当的溶剂(氯仿、乙醇、苯等)在脂肪提取器中连续抽提,然后蒸去溶剂,即得粗咖啡因。粗咖啡因还含有其他一些生物碱和杂质,利用升华可进一步提纯。

工业上,咖啡因主要通过人工合成制得。它具有刺激心脏、兴奋大脑神经和利尿等药理功能。在医学上用做心脏、呼吸器官和神经系统的兴奋剂,也是常用退热镇痛药物APC的主要成分之一(C即为咖啡因)。

咖啡因可以通过测定熔点及光谱法加以鉴别。此外,还可以通过制备咖啡因水扬酸盐衍生物进一步得到确证。咖啡因作为碱,可与水扬酸作用生成水扬酸盐,此盐的熔点为137℃。

3. 实验仪器与药品

(1)仪器:脂肪提取器、圆底烧瓶、水浴锅、电炉、球形冷凝管、蒸发皿、玻璃漏斗。

(2)药品及试剂:10g 茶叶、95%乙醇、生石灰。

4. 实验步骤

先将滤纸做成与提取器大小相适应的套袋。称取 10g 茶叶,略加粉碎,装入纸袋中,上下端封好,装入脂肪提取器中如图 4.1 所示。在圆底烧瓶中加入 75mL 95%乙醇,几粒沸石,用水浴加热,连续提取 2～3 h。当提取时,溶剂蒸气从导气管上升到球形冷凝管中,被冷凝成液体后,滴入脂肪提取器中,萃取出茶叶中的可溶物,此时溶液呈深草青色。当液面上升到与虹吸管一样高时,提取液就从虹吸管流入蒸馏瓶中,这为一次虹吸。茶叶每次都能被纯的溶剂所萃取,使茶叶中的可溶物质富集于蒸馏瓶中。待脂肪提取器中的溶剂基本上呈无色或微呈青绿色时,可以停止提取,但必须待脂肪提取器中的提取液刚刚虹吸下去后,方可停止加热。

稍冷后,改用蒸馏装置,水浴加热,回收大部分乙醇,待剩下 3～5mL 后,停止蒸馏,趁热将残液转入瓷蒸发皿中。在通风柜中,用蒸气浴蒸出残液,如图 4.1(b)所示,不必蒸得太干,拌入 2～3g 生石灰粉,使成糊状,在蒸气浴上蒸干,其间应不断搅拌,并压碎块状物。最后将蒸发皿放在石棉网上,用小火焙炒片刻,使水分全部除去。冷却后,擦去黏在边上的粉末,以免在升华时污染产物。用玻璃棒研细,在其上覆盖面盖一个事先刺了许多小孔的滤纸和一个倒扣的玻璃漏斗,漏斗口用棉花塞住,将蒸发皿在石棉网上用小火徐徐加热,进行升华(装置如图4.1,通常需要 10～15min),当滤纸上出现许多白色毛状结晶时,暂停加热,让其自然冷却至不太烫手时,小心取下漏斗和滤纸,会看到在滤纸上附着有大量无色针状晶体。

纯的咖啡因熔点为 234.5℃。本实验需 4～6h。

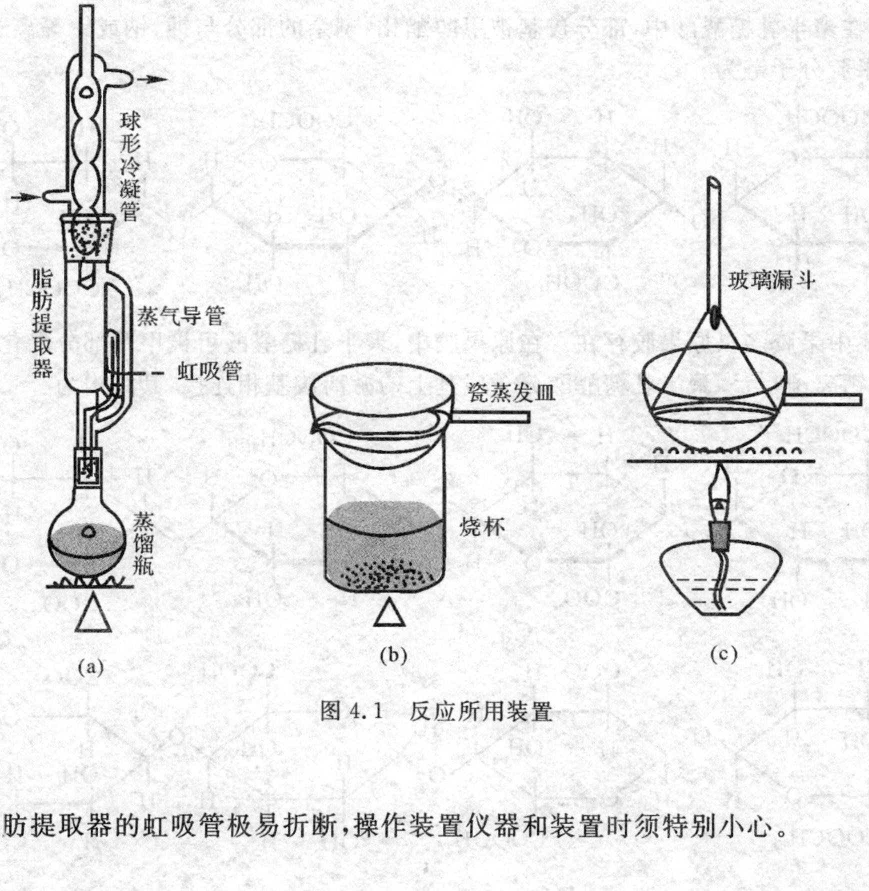

图 4.1　反应所用装置

注意:

(1)脂肪提取器的虹吸管极易折断,操作装置仪器和装置时须特别小心。

(2)滤纸套大小既要紧贴器壁,又能方便取放,其高度不得超过虹吸管;滤纸包茶叶末时要紧密,防止茶叶末漏出堵塞虹吸管;纸套上面折成凹形,以保证回流液均匀浸润被萃取物。

(3)本实验的关键是升华一步,一定要小火加热,慢慢升温,最好是酒精灯的火焰尖刚好接触石棉网,徐徐加热 10~15min。如果火焰太大,加热太快,会使产物发黄或炭化变黑;如果火焰太小,升温太慢,会浪费时间,因部分咖啡因还没有升华,影响收率。

5. 问题讨论

(1)提取咖啡因时用到生石灰,它起什么作用?

(2)从茶叶中提取出的粗咖啡因有绿色光泽,为什么?

4.2 从果皮中提取果胶

1. 实验目的

(1)了解果胶的性质和提取原理。

(2)掌握果胶的提取工艺。

(3)了解果胶在食品工业中的用途。

2. 实验原理

果胶广泛存在于水果和蔬菜中。例如,苹果中果胶的含量为 0.7%~1.5%。其主要用途是用做酸性食品的胶凝剂、增稠剂等。果胶是一种分子中含有几百到几千个结构单元的线性多糖,平均相对分子质量大约在 50 000~180 000 之间,其基本结构是以 α-1,4 苷链结合的聚半糖醛酸,在聚半乳糖醛酸中,部分羧基被甲醇酯化,剩余的部分与钾、钠或铵等离子结合。高甲氧基化果胶分子链为

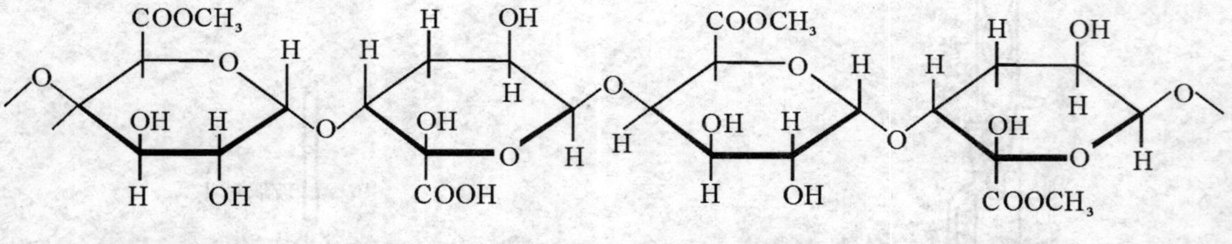

在果蔬中果胶多以原果胶存在。在原果胶中,聚半乳糖醛酸可被甲基部分酯化,并以金属桥(特别是钙离子)与多聚半乳糖醛酸分子残基上的游离羧基相连接,其结构为

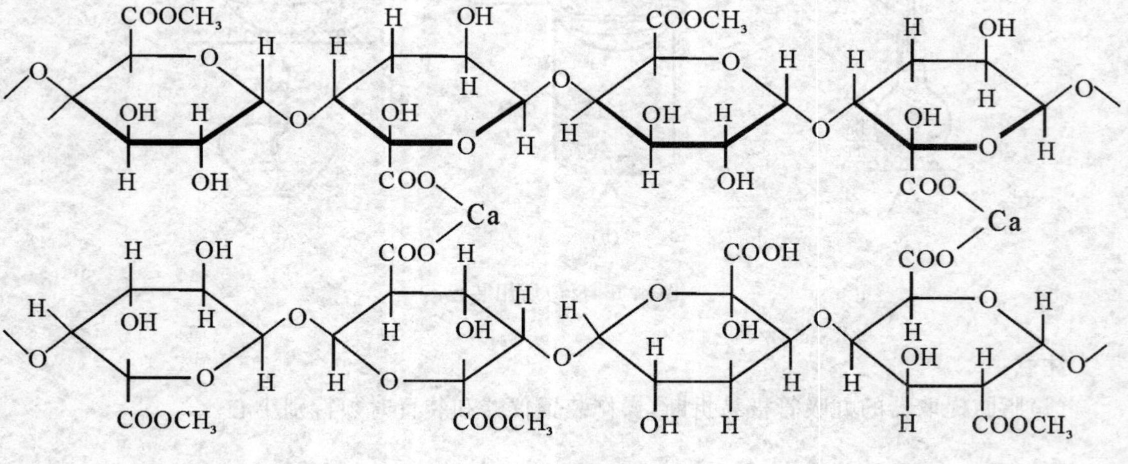

原果胶不溶于水，用酸水解时这种金属桥（离子键）被破坏，即可得到可溶性果胶。再经过纯化和干燥即为商品果胶。

世界上柑橘年产量超过 5×10^{8}t，其果皮约占 20%，为提取果胶提供了丰富的原料，也是目前我国常用的一种原料。所以本实验采用橘皮为原料，采用酸性萃取、酒精沉淀这一最简单的工艺路线来提取果胶。

3. 实验仪器与药品

（1）仪器：圆底烧瓶、漏斗、吸滤瓶。

（2）药品：0.3% HCl 溶液、1%氨水、95%乙醇、柑橘（苹果、梨）皮、活性炭。

4. 实验步骤

（1）原材料预处理。称取新鲜果皮 5g，用清水漂洗干净，加水 20mL，加热到 90℃，保持 10min 以达到灭酶的目的。取出用水冲洗后切成小颗粒，再用 50～60℃的热水漂洗到漂洗水为无色，果皮无异味为止。

（2）酸法萃取。将经过上述处理的果皮加入 0.3% HCl 溶液（刚好浸没果皮），其 pH 值控制在 2.0～2.5，加热到 90℃左右，提胶 50min，趁热用 100 目尼龙布（或 4 层纱布）过滤。

（3）脱色。在上述溶液中加入 2%的活性炭，在 80℃下加热 20min，以脱除色素和异味，趁热过滤。

（4）酒精沉淀。将上述滤液冷却，用 1%氨水调节 pH 值为 3～4，在不断搅拌下加入 95%的乙醇，使混合液中的乙醇浓度达 50%～60%，然后静置 10min，让果胶沉淀完全，用 100 目尼龙布过滤果胶，压干。将该果胶进一步用 95%乙醇处理，过滤，压干。

（5）干燥。将上述产品在 105℃下烘干。

注意：

（1）如果萃取溶液清澈透明，则可以不脱色。

（2）因为胶状物容易堵塞滤纸，这时可加入占滤纸 2%～4%的硅藻土作助滤剂。

（3）果胶凝胶实验。将 0.1g 柠檬酸和 0.08g 柠檬酸钠溶解于 10mL 水中，将果胶适量拌入 1～2 倍白糖中，然后加入到柠檬酸和柠檬酸钠的溶液中，不断搅拌，加热至沸，在白糖完全溶解后继续煮沸 20min，冷却后即成果酱。

5. 问题讨论

原材料进行预处理的目的是什么？

4.3　有机未知物的鉴定

1. 实验目的

（1）进一步认识各类有机物的物理性质和化学性质及其差异。

（2）掌握应用简便的化学分析方法鉴定有机未知物的一般方法和操作技巧。

2. 实验原理

通过各类化合物的物理性质和化学性质及其差异，确定有关化合物定性鉴定分析方法。

3. 设计实验方案

根据实验原理，利用指定化学试剂设计一组简单方案，定性地区别设定的有机未知物，画出鉴定操作的流程图。

4. 实验操作及结果分析

所设计的实验方案经指导教师审查允许后，独立完成实验操作。实验过程中应细心观察，如实记录实验现象，正确分析判断未知液成分。

5. 实验报告

完成实验后，撰写实验报告，报告鉴定结果。其内容包括各有机未知物的名称、化学结构式及化学定性鉴定方法、现象及相应的解释。

注意：必须由指导教师准备以下有机未知物及化学试剂：

(1)有机未知物：1-氯丁烷、1-溴丁烷、1-碘丁烷、正丁醇、叔丁醇、仲丁醇（或异丁醇）、苯酚、乙醛、苯甲醛、环己酮、甲酸、乙酸、草酸、苯甲酸。

(2)化学试剂：pH 试纸、$AgNO_3$/乙醇溶液、10% $FeCl_3$ 溶液、1% $KMnO_4$ 溶液、Lucassh 试剂、2,4-二硝基苯肼试剂、10% NaOH 溶液、碘-碘化钾溶液。

4.4 苯甲酸乙酯的制备

有机酸酯通常是用醇和羧酸在少量酸性催化剂（如浓硫酸）的存在下，进行酯化反应而制得，即

$$R-\overset{\overset{O}{\|}}{C}-OH + HO-R' \xrightleftharpoons{H^+} R-\overset{\overset{O}{\|}}{C}-OR'$$

酯化反应是一个典型的、酸催化的可逆反应。为了使反应平衡向右移动，可以用过量的醇或羧酸，也可以把反应中生成的酯或水及时蒸出，或者两者并用。在实验中应注意控制好反应物的温度、滴加原料的速度和蒸出产品的速率，使反应能进行得比较完全。

由于苯甲酸乙酯的沸点很高，乙醇又与水混溶，为了提高产率，用大大过量的乙醇，也可以采用加入苯的方法，或利用苯、乙醇和水组成的三元恒沸混合来除去生成的水。

苯甲酸可以由 3.10 节中的方法制备。

1. 实验目的

(1)设计合成路线，按苯甲醇→苯甲酸→苯甲酸乙酯的顺序进行。

(2)写出各步反应式。

(3)列出实验仪器和药品，画出每步装置图。

(4)写出实验步骤。

(5)制订检验鉴定方法。

2. 实验操作及结果分析

所设计的实验方案应经指导教师审查允许后，独立完成实验操作。实验过程中应细心观察，如实记录实验现象。

3. 实验报告

完成实验后，撰写实验报告，并对实验现象进行相应的解释。

4. 问题讨论

(1)可以应用什么原理来提高反应的产率？

(2)在对酯提纯时，一般是加入四氯化碳，此时酯就沉于器底。如加入乙醚或苯，酯层在上面还是在下面？

4.5　生物柴油的合成

生物柴油是典型的“绿色能源”。它以大豆和油菜籽等油料作物、油棕和黄连木等油料林木果实、微藻等油料水生植物以及动物油脂、废餐饮油等为原料，与醇类(甲醇、乙醇)经交酯化反应获得。制成的液体燃料，是优质的石油柴油代用品。它有许多优点，如原料来源广泛，可利用各种动、植物油作原料；使用生化柴油不需对现有柴油发动机作任何改动或更换零件；与石化柴油相比，生化柴油的储存、运输和使用都更安全，它并不腐蚀容器，也非易燃易爆；经化学调配后，其热值可达石化柴油的 100%，甚至以上；而且属于可再生资源，减少了对地球环境的污染。大力发展生物柴油对经济可持续发展，推进能源替代，减轻环境压力，控制城市大气污染具有重要的战略意义。

1. 要求

(1)通过查阅文献等方法，确定一种合成生物柴油的方法。

(2)根据确定的方法，制订具体的生物柴油制备步骤。

(3)表征所合成的生物柴油，并测定燃烧性能、腐蚀性等指标。

(4)根据结果，撰写工作总结报告。

2. 思考题

(1)论述生物柴油的优缺点。

(2)从合成生物柴油的实验分析，你认为如果要大力推广生物柴油，还存在哪些问题？

4.6　液体推进剂偏二甲肼的再利用

偏二甲肼是一种常见的液体火箭推进剂，其分子式为$(CH_3)_2NNH_2$，它是一种易燃、有毒、具有强烈鱼腥味的无色透明液体。偏二甲肼是一种弱有机碱，与水作用生成共轭酸和碱，与多种有机酸反应生成盐，与二氧化碳作用生成白色的碳酸盐沉淀，同时也是一种还原剂，其蒸气在室温下能被空气缓慢氧化，能与许多氧化物质的水溶液发生猛烈反应，并放出热量。

由于各种原因，储存的偏二甲肼不能再作为液体火箭推进剂使用，请你设计一种偏二甲肼再利用的方法。

1. 要求

(1)查阅文献，了解偏二甲肼的各种转化方法，并最终确定一种转化方法作为你选择的方法。

(2)在确定转化方法时，要求工艺简单，效率高，偏二甲肼转化量大。

(3)转化的产品，要有一定的市场规模，并有较高的经济效益。

(4)设计的转化方法应尽量符合绿色化学的要求。

(5)撰写科研报告，其内容包括：综述，转化路线设计，理论分析，实验及实验结果，产物表征及产率计算，总结与展望等。

2. 思考题

(1)分别简述偏二甲肼的各种转化方法，并比较它们的优缺点。

(2)将你设计的偏二甲肼转化方法进行工程化理论计算。

4.7 用于从气体中脱除二氧化碳的吸收剂的合成研究

从气体中脱除酸性气体(脱硫、脱氮等)是化学工业和炼油工业中常见的过程。如在制造氢气的工厂,甲烷通过蒸气转化生成氢气和二氧化碳。二氧化碳必须从生成气体混合物脱除脱附以得到纯净的氢气,同时,二氧化碳还是温室效应的因素。

传统的气体脱除是利用胺发生如下反应实现的:

$$2RNH_2 + CO_2 \longrightarrow RNH_3^+ + RNHCOO^-$$

反应是在低温(40~80℃)下的气-液塔中进行,然后在高温(120℃)、低 CO_2 压力下再生胺。上述反应每脱除 1mol 二氧化碳须消耗 2mol 胺。所以可以通过改变胺的种类,使反应的计量系数发生改变,从而提高吸收效率,其反应式为

$$2RNH_2 + CO_2 + H_2O \longrightarrow RNH_3^+ + HCO_3^-$$

这样每吸收 1mol 二氧化碳只须消耗 1mol 胺。要达到这样的目的,可以通过采用具有空间位阻的胺来改变,例如,采用二异丙基胺来改变,即

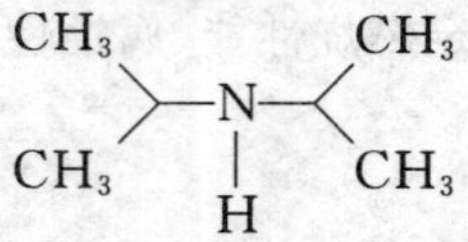

但此种胺与二氧化碳反应生成的阴离子是不稳定的,因为侧链基团具有很高的电子排斥能力,而且主链可以阻止酸的基团自由旋转。

但是,如果胺具有很强的空间位阻,反应速率会变得很慢,对脱除二氧化碳没有用。因此,所要求的是具有中等空间位阻的胺,这样就既可以使反应能够以一定的速率进行,又能改变反应的计量系数。这种胺可能与上述的胺类似,但不清楚哪种具有空间位阻的胺可以使用。实验中所要求的产品规格如下:

(1)新的产品要能够使老工厂的处理能力提高 1 倍,或使新工厂的吸收塔尺寸减少。

(2)反应速率至少应与传统使用的胺一样。

(3)希望用新产品改造旧工厂。因此,操作条件与现有塔的操作条件相似。

(4)在现有运行的工厂中,吸收液是包括含有 V^{5+} 的防腐剂,具有空间位阻的胺,必须在这种防腐剂中保持稳定。

请写出完成这个产品整个研发过程的方案,并合成至少两种结构的胺进行性能检测。

附　　录

附录 1　常用元素的相对原子质量

元素名称	相对原子质量	元素名称	相对原子质量
银 Ag	107.87	锂 Li	6.941
铝 Al	26.98	镁 Mg	24.31
硼 B	10.81	锰 Mn	54.938
钡 Ba	137.34	钼 Mo	95.94
溴 Br	79.904	氮 N	14.007
碳 C	12.00	钠 Na	22.99
钙 Ca	40.08	镍 Ni	58.71
氯 Cl	35.45	氧 O	15.999
铬 Cr	51.996	磷 P	30.97
铜 Cu	63.54	铅 Pb	207.19
氟 F	18.998	钯 Pd	106.4
铁 Fe	55.847	铂 Pt	195.09
氢 H	1.008	硫 S	32.064
汞 Hg	200.59	硅 Si	28.086
碘 I	126.904	锡 Sn	118.69
钾 K	39.10	锌 Zn	65.37

附录 2　常用酸碱溶液密度及百分组成表

盐　　酸

HCl 质量分数	密度 d_4^{20}	100mL 水溶液中含 HCl 克数	HCl 质量分数	密度 d_4^{20}	100mL 水溶液中含 HCl 克数
1	1.003 2	1.003	22	1.108 3	24.38
2	1.008 2	2.006	24	1.118 7	26.85
4	1.018 1	4.007	26	1.129 0	29.35
6	1.027 9	6.167	28	1.139 2	31.90
8	1.037 6	8.301	30	1.149 2	34.48

续 表

HCl 质量分数	密度 d_4^{20}	100mL 水溶液中含 HCl 克数	HCl 质量分数	密度 d_4^{20}	100mL 水溶液中含 HCl 克数
10	1.047 4	10.47	32	1.159 3	37.10
12	1.057 4	12.69	34	1.169 1	39.75
14	1.067 5	14.95	36	1.178 9	42.44
16	1.077 6	17.24	38	1.188 5	45.16
18	1.087 8	19.58	40	1.198 0	47.92
20	1.098 0	21.96			

硫　　酸

H_2SO_4 质量分数	密度 d_4^{20}	100mL 水溶液中含 H_2SO_4 克数	H_2SO_4 质量分数	密度 d_4^{20}	100mL 水溶液中含 H_2SO_4 克数
1	1.005 1	1.005	65	1.553 3	101.0
2	1.011 8	2.024	70	1.610 5	112.7
3	1.018 4	3.055	75	1.669 2	125.2
4	1.025 0	4.100	80	1.727 2	138.2
5	1.031 7	5.159	85	1.778 6	151.2
10	1.066 1	10.66	90	1.814 4	163.3
15	1.102 0	16.53	91	1.819 5	165.6
20	1.139 4	22.79	92	1.824 0	167.8
25	1.178 3	29.46	93	1.827 9	170.2
30	1.218 5	36.56	94	1.831 2	172.1
35	1.259 9	44.10	95	1.833 7	174.2
40	1.302 8	52.11	96	1.835 5	176.2
45	1.347 6	60.64	97	1.836 4	178.1
50	1.395 1	69.76	98	1.836 1	179.9
55	1.445 3	79.49	99	1.834 2	181.6
60	1.498 3	89.90	100	1.830 5	183.1

硝　　酸

HNO_3 质量百分数	密度 d_4^{20}	100mL 水溶液中含 HNO_3 克数	HNO_3 质量百分数	密度 d_4^{20}	100mL 水溶液中含 HNO_3 克数
1	1.003 6	1.004	65	1.391 3	90.43
2	1.009 1	2.018	70	1.413 4	98.94
3	1.014 6	3.044	75	1.433 7	107.5
4	1.0201	4.080	80	1.452 1	116.2
5	1.025 6	5.128	85	1.468 6	124.8

续表

HNO_3 质量百分数	密度 d_4^{20}	100mL 水溶液中含 HNO_3 克数	HNO_3 质量百分数	密度 d_4^{20}	100mL 水溶液中含 HNO_3 克数
10	1.054 3	10.54	90	1.482 6	133.4
15	1.084 2	16.26	91	1.485 0	135.1
20	1.115 0	22.30	92	1.487 3	136.8
25	1.146 9	28.67	93	1.489 2	138.5
30	1.180 0	35.40	94	1.491 2	140.2
35	1.214 0	42.49	95	1.493 2	141.9
40	1.246 3	49.85	96	1.495 2	143.5
45	1.278 3	57.52	97	1.497 4	145.2
50	1.310 0	65.50	98	1.500 8	147.1
55	1.339 3	73.66	99	1.505 6	149.1
60	1.366 7	82.00	100	1.512 9	151.3

醋　酸

CH_3COOH 质量百分数	密度 d_4^{20}	100mL 水溶液中含 CH_3COOH 克数	CH_3COOH 质量百分数	密度 d_4^{20}	100mL 水溶液中含 CH_3COOH 克数
1	0.999 6	0.999 6	65	1.066 6	69.33
2	1.001 2	2.002	70	1.068 5	74.80
3	1.002 5	3.008	75	1.069 6	80.22
4	1.004 0	4.016	80	1.070 0	85.60
5	1.005 5	5.028	85	1.068 9	90.86
10	1.012 5	10.13	90	1.066 1	95.95
15	1.019 5	15.29	91	1.065 2	96.93
20	1.026 3	20.53	92	1.064 3	97.92
25	1.032 6	25.82	93	1.063 2	98.88
30	1.038 4	31.15	94	1.061 9	99.82
35	1.043 8	36.53	95	1.060 5	100.7
40	1.048 8	41.95	96	1.058 8	101.6
45	1.053 4	47.40	97	1.057 0	102.5
50	1.057 5	52.88	98	1.054 9	103.4
55	1.061 1	58.36	99	1.052 4	104.2
60	1.064 2	63.85	100	1.049 8	105.0

氢　溴　酸

HBr 质量百分数	密度 d_4^{20}	100mL 水溶液中含 HBr 克数	HBr 质量百分数	密度 d_4^{20}	100mL 水溶液中含 HBr 克数
10	1.072 3	10.7	45	1.444 6	65.0
20	1.157 9	23.2	50	1.517 3	75.8
30	1.258 0	37.7	55	1.595 3	87.7
35	1.315 0	46.0	60	1.678 7	100.7
40	1.377 2	56.1	65	1.767 5	114.9

氢 碘 酸

HI 质量百分数	密度 d_4^{20}	100mL 水溶液中含 HI 克数	HI 质量百分数	密度 d_4^{20}	100mL 水溶液中含 HI 克数
20.77	1.157 8	24.4	56.78	1.699 8	96.6
31.77	1.296 2	41.2	61.97	1.821 8	112.8
42.7	1.448 9	61.9			

发 烟 硫 酸

游离 SO_3 质量百分数	密度 d_4^{20}	100mL 中游离 SO_3 克数	游离 SO_3 质量百分数	密度 d_4^{20}	100mL 中游离 SO_3 克数
1.54	1.860	2.8	10.07	1.900	19.1
2.66	1.865	5.0	10.56	1.905	20.1
4.28	1.870	8.0	11.43	1.910	21.8
5.44	1.875	10.2	13.33	1.915	25.5
6.42	1.880	12.1	15.95	1.920	30.6
7.29	1.885	13.7	18.67	1.925	35.9
8.16	1.890	15.4	21.34	1.930	41.2
9.43	1.895	17.7	25.65	1.935	49.6

氢 氧 化 氨

NH_3 质量百分数	密度 d_4^{20}	100mL 水溶液中含 NH_3 克数	NH_3 质量百分数	密度 d_4^{20}	100mL 水溶液中含 NH_3 克数
1	0.993 9	9.94	16	0.936 2	149.8
2	0.989 5	19.79	18	0.929 5	167.3
4	0.981 1	39.24	20	0.922 9	184.6
6	0.973 0	58.38	22	0.916 4	201.6
8	0.965 1	77.21	24	0.910 1	218.4
10	0.957 5	95.75	26	0.904 0	235.0
12	0.950 1	114.0	28	0.898 0	251.4
14	0.943 0	132.0	30	0.892 0	267.6

氢 氧 化 钠

NaOH 质量百分数	密度 d_4^{20}	100mL 水溶液中含 NaOH 克数	NaOH 质量百分数	密度 d_4^{20}	100mL 水溶液中含 NaOH 克数
1	1.0095	1.010	26	1.2848	33.40
2	1.0207	2.041	28	1.3064	36.58
4	1.0428	4.171	30	1.3279	39.84
6	1.0648	6.389	32	1.3490	43.17
8	1.0869	8.695	34	1.3696	46.57
10	1.1089	11.09	36	1.3900	50.04

续表

NaOH 质量百分数	密度 d_4^{20}	100mL 水溶液中含 NaOH 克数	NaOH 质量百分数	密度 d_4^{20}	100mL 水溶液中含 NaOH 克数
12	1.1309	13.57	38	1.4101	53.58
14	1.1530	16.14	40	1.4300	57.20
16	1.1751	18.80	42	1.4494	60.87
18	1.1972	21.55	44	1.4685	64.61
20	1.2191	24.38	46	1.4873	68.42
22	1.2411	27.30	48	1.5065	72.31
24	1.2629	30.31	50	1.5253	76.27

氢氧化钾

KOH 质量百分数	密度 d_4^{20}	100mL 水溶液中含 KOH 克数	KOH 质量百分数	密度 d_4^{20}	100mL 水溶液中含 KOH 克数
1	1.008 3	1.008	28	1.269 5	35.55
2	1.017 5	2.035	30	1.290 5	38.72
4	1.035 9	4.144	32	1.311 7	41.97
6	1.054 4	6.326	34	1.333 1	45.33
8	1.073 0	8.584	36	1.354 9	48.78
10	1.091 8	10.92	38	1.376 5	52.32
12	1.110 8	13.33	40	1.399 1	55.96
14	1.129 9	15.82	42	1.421 5	59.70
16	1.149 3	19.70	44	1.444 3	63.55
18	1.168 8	21.04	46	1.467 3	67.50
20	1.188 4	23.77	48	1.490 7	71.55
22	1.208 3	26.58	50	1.514 3	75.72
24	1.228 5	29.48	52	1.538 2	79.99
26	1.248 9	32.47			

碳 酸 钠

Na_2CO_3 质量百分数	密度 d_4^{20}	100mL 水溶液中含 $NaCO_3$ 克数	Na_2CO_3 质量百分数	密度 d_4^{20}	100mL 水溶液中含 Na_2CO_3 克数
1	1.008 6	1.009	12	1.1244	13.49
2	1.019 0	2.038	14	1.1463	16.05
4	1.039 8	4.159	16	1.1682	18.50
6	1.060 6	6.364	18	1.1905	21.33
8	1.081 6	8.653	20	1.2132	24.26
10	1.102 9	11.03			

常用的酸和碱

溶　液	密度 d_4^{20}	质量百分数	mol/L	g/100mL
浓盐酸	1.19	37	12.0	44.0
恒沸点盐酸(252mL 浓盐酸＋200mL 水)，沸点 110℃	1.10	20.2	6.1	22.2
10％盐酸(100mL 浓盐酸＋32mL 水)	1.05	10	2.9	10.5
5％盐酸(50mL 浓盐酸＋380.5mL 水)	1.03	5	1.4	5.2
1mol/L 盐酸(41.5mL 浓盐酸稀释到 500mL)	1.02	3.6	1	3.6
恒沸点氢溴酸(沸点 126℃)	1.49	47.5	8.8	70.7
恒沸点氢碘酸(沸点 127℃)	1.7	57	7.6	97
浓硫酸	1.84	96	18	177
10％硫酸(25mL 浓硫酸＋398mL 水)	1.07	10	1.1	10.7
0.5mol/L 硫酸(13.9mL 浓硫酸稀释到 500mL)	1.03	4.7	0.5	4.9
浓硝酸	1.42	71	16	101
10％氢氧化钠	1.11	10	2.8	11.1
浓氨水	0.9	28.4	15	25.9

附录 3　常用有机溶剂沸点、密度表

名　　称	沸点/℃	密度/(g·cm³)	名　　称	沸点/℃	密度/(g·cm³)
甲　醇	64.96	0.791 4	苯	80.1	0.878 6
乙　醇	78.5	0.789 3	甲苯	110.6	0.869 9
乙　醚	34.51	0.713 8	二甲苯	140	0.859 9
丙　酮	56.2	0.789 9	氯仿	61.7	1.483 2
乙　酸	117.9	1.049 2	四氯化碳	76.54	1.594 0
乙　酐	139.55	1.082 0	二硫化碳	46.25	1.263 2
乙酸乙酯	77.06	0.900 3	硝基苯	210.8	1.203 7
二氧六环	101.1	1.033 7	正丁醇	117.25	0.809 8

附录 4 常见有机溶剂的性质

溶剂	物理性质		挥发性		溶解性		嗅觉	环境损耗			危害度量标准				
	Mp/℃	Bp/℃	Fp/℃	Evap rata	Water Sol mg/kg	logKow	阈值 ×10^{-6}	Atm half life	Urban ozone	Bio deg time	NFPA rating H,F,R	OSHA PEL ×10^{-6}	Specific hazards	LD_{50} mg/kg	EPA 33/50 listing?
脂肪烃															
己烷	−95.3	68.7	−26	8.9		3.9	130	2.9d	0.12	d/w	1,3,0	50	M,T	28.170	N
轻石油		60−80											1,4,0		
戊烷	−129.7	36.1	−40	>1		3.39	400	1.4d	0.11	d	1,4,0	600	—	—	N
石油醚		35−60	−49								1,4,0				
氯代烃类															
四氯化碳	−23	76.7	—	6.0	793.4	2.83	96	47y	0.00	w	3,0,0	2	C,M,T	2 350	Y
氯仿	−63.5	61.2	—	10.45	7 950	1.97	85	160d	0.00	w	2,0,0	2	C,M,T	908	Y
二氯甲烷	−94.9	39.6	—	14.5	1 303	1.25	250	110d	0.00	d/w	2,1,0	500	C? M,T	1 600	Y
芳香烃															
苯	5.5	80.1	−11	5.1	1 790	2.13	12	13d	0.03	w	2,3,0	1	C,M,T	930	Y
甲苯	−95.0	110.6	4	1.9	526	2.73	2.9	2.7d	0.24	d/w	2,3,0	100	T	630	Y
醚															
1,2-甲氧基乙烷	−57.8	82	−2		∞	−0.21					2,2,0				
二氧杂环己烷	11.8	101.3	12	2.42	∞	−0.27	24	1.5d	0.35	d/w	2,3,1	25	M,T	5 700	N
二乙醚	−116.3	34.4	−45	33	69 000	0.89	8.9	1.2d	0.45	d/w	2,4,1	400	M,T	1 215	N
甲基正丁基醚	−109	55.2	−27	8.14	51 000	1.24		5.7d	0.07	d/w	2,4,0	40		4 000	N
四氢呋喃	−108.4	66.0	−14	4.72	∞	0.46	2.0	1.0d	0.49	d/w	2,3,1	200	T	1 650	N
酮															
丙酮	−94.7	56.1	−17	5.59	∞	−0.24	13	71d	0.01	d/w	1,3,0	1 000		5 800	N
甲乙酮	−86	79.6	−9	3.8	223 000	0.29	5.4	14d	0.04	d/w	1,3,0	200	T	2 737	Y

续表

溶剂	物理性质		挥发性		溶解性		嗅觉	环境损耗			危害度量标准				
	Mp/℃	Bp/℃	Fp/℃	Evap rata	Water Sol/mg/kg	logKow	阈值/$\times10^{-6}$	Atm half life	Urban ozone	Bio deg time	NFPA rating H,F,R	OSHA PEL/$\times10^{-6}$	Specific hazards	LD_{50}/mg/kg	EPA 33/50 listing?
酯															
乙酸乙酯	−83.6	77.1	−4	3.90	80 000	0.73	3.9	10d	0.04	d/w	1,3,0	400	M	5 620	N
醇															
双丙酮醇	−42	168.1	58	0.12	∞	−0.098	0.28	12d	0.06	d/w	1,2,0	50	M?	4 000	N
乙醇	−114.2	78.4	13		∞	−0.235	350	4.9d	0.12	d/w	0,3,0	1 000	M,T	7 060	N
甲醇	−97.7	64.6	11	2.10	∞	−0.77	100	17d	0.08	d/w	1,3,0	200	T	6 200	N
2-丙醇	−88	82.2	12	2.5	∞	0.05	28.2	3.1d	0.14	d/w	2,3,0	400	T	5 045	N
其他溶剂															
乙酸	16.7	117.9	39	1.34	∞	−0.17	0.48	22d		d	2,2,1	10	Corr	3 310	N
乙腈	−45	81.6	12.8	5	∞		1 143	>30d			2,3,0	40	?	2 460	N
二硫化碳	−110.8	46.3	−30		2 000	1.84	0.1				3,4,0	20	T?		N
二甲基甲酰胺	−61.1	152.8	58	0.17	∞	−1.01					2,2,0	10		3 967	N
二甲亚砜	18.5	189	95	0.026	∞	−1.35		6.2h	0.23		1,1,0			14 500	N
N-甲基吡咯烷酮	−24.4	202	92	0.06	∞	−0.11		0.78d	0.21	d/w	2,2,0		M?	3 914	N
碳酸 1,2-丙二醇酯	−54.5	241.7	132	0.005		0.017		3.7d	0.08	d/w			M,T		
吡啶	−42.2	208	20	—	∞	0.7	<1			d/w	3,3,0	5			

注:Fp:闪点(℃)。

Evap rate:蒸发速度(相对乙酸丁酯)。

logKow=log(辛醇-水分配系数)。

Odor thers:嗅觉阈值($\times10^{-6}$)。

Atm half life:大气半衰期(h=小时,d=天,y=年)。

Urban ozone:城市臭氧形成的潜能(相对乙烯)。

Bio deg time:生物降解时间(d=天,w=周)。

NFPA:美国消防署有关健康、可燃性和反应性(0~4 级,0 代表最安全)保护等级。

OSHA PEL:美国职业安全和健康管理属可允许暴露极限($\times10^{-6}$)。

Specific hazards:特殊危害。M:诱变剂,C:致癌剂,Corr:腐蚀剂。

LD50:口服致死量(mg/kg)。

EPA 33/50:美国环境保护协会的 33/50 纲要中的溶剂列表(1992 年缩减了 33%,1995 年缩减了 50%)。

附录5　水的蒸气压力表(0～100℃)

温度/℃	压强/MPa	温度/℃	压强/MPa	温度/℃	压强/MPa	温度/℃	压强/MPa
0	4.759	15	12.788	30	31.824	85	433.6
1	4.926	16	13.634	31	33.695	90	525.76
2	5.294	17	14.530	32	35.663	91	546.05
3	5.685	18	15.477	33	37.729	92	566.99
4	6.101	19	16.477	34	39.898	93	588.60
5	6.543	20	17.535	35	42.175	94	610.90
6	7.013	21	18.650	40	55.324	95	633.90
7	7.513	22	19.827	45	71.88	96	657.62
8	8.045	23	21.068	50	92.51	97	682.07
9	8.609	24	22.377	55	118.04	98	707.27
10	9.209	25	23.756	60	149.38	99	733.24
11	9.844	26	25.209	65	187.54	100	760.00
12	10.518	27	26.739	70	233.7		
13	11.231	28	28.349	75	289.1		
14	11.987	29	30.043	80	355.1		

附录6　常用洗涤液的配制

名　称	配制方法	备　注
合成洗涤剂(也可用肥皂水)	将合成洗涤剂粉用热水搅拌配成浓溶液	用于一般的洗涤
铬酸洗液	取 $K_2Cr_2O_7$(L. R.)20g 于 500mL 烧杯中,加水 40mL,加热溶解,冷后,缓缓加入 320 工业 H_2SO_4 即成(注意边加边搅拌),储于磨口细口瓶中	用于洗涤油污及有机物,使用时防止被水稀释。用后倒回原瓶,可反复使用,直至溶液变为绿色(可以再生)
$KMnO_4$ 碱性洗液	取 $KMnO_4$(L. R.)4g,溶于少量水中,缓缓加入 100mL 10% NaOH 溶液	用于洗涤油污及有机物。洗后玻璃壁上附着的 MnO_2 沉淀,可用粗亚铁或 Na_2SO_3 溶液清洗
碱性酒精溶液	30%～40% NaOH 酒精溶液	用于洗涤油污
酒精-浓硝酸洗液		用于洗涤沾有有机物或油污的结构复杂的仪器。洗涤时先加少量酒精于脏仪器中,再加入少量浓硝酸,即产生大量棕色 NO_2,将有机物氧化而破坏

附录7　常用有机溶剂的纯化

有机化学实验离不开有机溶剂，有机溶剂不仅作为反应介质使用，而且在产物的纯化和后处理中也经常使用。市售的有机溶剂有工业纯、化学纯和分析纯等各种规格，纯度越高，价格越贵。在有机合成中，常常根据反应的特点和要求，选用适当规格的溶剂，以便使反应能够顺利地进行而又符合勤俭节约的原则。某些有机反应（如 Grignard 反应等），对溶剂要求较高，即使溶济中含有微量杂质或水分的存在，也会对反应速率、产率和纯度带来一定的影响。由于有机合成中使用溶剂的量都比较大，若仅依靠购买市售纯品，不仅价格较高，有时也不一定能满足反应的要求，因此了解有机溶剂性质及纯化方法，是十分必要的。有机溶剂的纯化是有机合成工作的一项基本操作，这里介绍市售的普通溶剂在实验室条件下常用的纯化方法。

1. 无水乙醚（Absolute ether）

bp 34.5℃，n_D^{20} 1.352 6，d_4^{20} 0.713 7。

普通乙醚中含有一定量的水、乙醇及少量过氧化物等杂质。这对于要求以无水乙醚作溶剂的反应（如 Grignard 反应），不仅影响反应的进行，而且易发生危险。试剂级的无水乙醚，往往也不合要求，且价格较贵，因此在实验中常须自行制备。当制备无水乙醚时，首先要检验有无过氧化物。为此取少量乙醚与等体积的 2%碘化钾溶液，加入几滴稀盐酸一起振摇，若能使淀粉溶液呈紫色或蓝色，即证明有过氧化物存在。若要除去过氧化物，可在分液漏斗中加入普通乙醚和相当于乙醚体积 1/5 的新配制硫酸亚铁溶液[1]，剧烈振摇后分去水溶液，然后除去过氧化物。可按照下述操作进行精制。

操作步骤　在 250 mL 圆底烧瓶中，放置 100 mL 除去过氧化物的普通乙醚和几粒沸石，装上冷凝管。冷凝管上端通过一带有侧槽的橡皮塞，插入盛有 10 mL 浓硫酸[2]的滴液漏斗。通入冷凝水，将浓硫酸慢慢滴入乙醚中，由于浓硫酸的脱水作用所产生的热，乙醚会自行沸腾。加完后摇动反应物，待乙醚停止沸腾后，拆下冷凝管，改成蒸馏装置。在收集乙醚的接收瓶支管上连一氯化钙干燥管，并用与干燥管连接的橡皮管把乙醚蒸气导入水槽。在水槽中加入沸石，用事先准备好的水浴加热蒸馏。蒸馏速度不宜太快，以免乙醚蒸气冷凝不下来而逸散室内[3]。当收集到约 70mL 乙醚，且当蒸馏速度显著变慢时，即可停止蒸馏。瓶内所剩残液，倒入指定的回收瓶中，切不可将水加入残液中（为什么?）。将蒸馏收集的乙醚倒入干燥的锥形瓶中，加入 1g 钠屑或 1g 钠丝，然后用带有氯化钙干燥管的软木塞塞住，或在木塞中插入一末端拉成毛细管的玻璃管，这样可以防止潮气侵入并可使产生的气泡逸出。放置 24 h 以上，使乙醚中残留的少量水和乙醇转化为氢氧化钠和乙醇钠。如不再有气泡逸出，同时钠的表面较好，则可将钠屑储放备用。如放置 24h 后，金属钠表面已全部发生变化，须重新压入少量钠丝，放置至无气泡发生。这种无水乙醚符合一般无水要求[4]。

[注释]

[1]硫酸亚铁溶液的配制。在 110 mL 水中加入 6 mL 浓硫酸，然后加入 60 g 硫酸亚铁。硫酸亚铁溶液久置后容易氧化变质，因此需在使用前临时配制。当使用较纯的乙醚制取无水乙醚时，可免去硫酸亚铁溶液洗涤。

[2]在这一操作步骤也可在 100 mL 乙醚中加入 4～5 g 无水氯化钙代替浓硫酸作干燥剂，并在下一步操作中用五氧化二磷代替金属钠而制得合格的无水乙醚。

[3]乙醚沸点低(34.51℃)，极易挥发(20℃时蒸气压为58.9 kPa)，且蒸气比空气重(约为空气的2.5倍)，容易聚集在桌面附近或低凹处。当空气中含有1.85%～36.5%的乙醚蒸气时，遇火即会发生燃烧爆炸。故在使用和蒸馏过程中，一定要谨慎小心，远离火源，尽量不让乙醚蒸气散发到空气中，以免造成意外。

[4]如需要更纯的乙醚，则在除去过氧化物后，应再用0.5%高锰酸钾溶液与乙醚共振摇，使其中含有的醛类氧化成酸，然后依次用5%氢氧化钠溶液、水洗涤，经干燥、蒸馏，再压入钠丝，即可制成更纯的乙醚。

2. 无水乙醇(Absolute ethyl alcohol)

bp 78.5℃，n_D^{20} 1.361 1，d_4^{20} 0.789 3。

市售的无水乙醇一般只能达到99.5%纯度，在许多反应中需要纯度更高的无水乙醇，经常须自己制备。通常工业用的95.5%的乙醇不能直接用蒸馏法制取无水乙醇，因95.5%乙醇和4.5%的水形成恒沸点混合物。要把水除去，第一步是加入氧化钙(生石灰)煮沸回流，使乙醇中的水与生石灰作用生成氢氧化钙，然后再将无水乙醇蒸出。这样得到的无水乙醇，纯度最高约99.5%。纯度更高的无水乙醇可用金属镁或金属钠进行处理。

$$2C_2H_5OH + Mg \longrightarrow (C_2H_5O)_2Mg + H_2\uparrow$$

操作步骤

(1)含量为99.5%的无水乙醇制备。在500 mL圆底烧瓶[1]中，放置200 mL 95%乙醇和50 g生石灰[2]，用木塞塞紧瓶口，放置至下次实验[3]。当下次实验时，拔去木塞，装上回流冷凝管，其上端接一氯化钙干燥管，在水浴上回流加热2～3 h，稍冷后取下冷凝管，改成蒸馏装置。蒸去前馏分后，用干燥的吸滤瓶或蒸馏瓶作接收器，其支管接一氯化钙干燥管，并与大气相通。用水浴加热，蒸馏至几乎无液滴流出为止。称量无水乙醇的质量及其体积，计算回收率。

(2)含量为99.95%的无水乙醇制备。

1)用金属镁制取。在250mL的圆底烧瓶中，放置0.6g干燥纯净的镁条及10 mL 99.5%乙醇，装上回流冷凝管，并在冷凝管上端加一只无水氯化钙干燥管。在沸点浴上或用火直接加热使达微沸，移去热源，立刻加入几粒碘片(此时注意不要振荡)，顷刻即在碘粒附近发生反应，最后可以达到相当剧烈的程度。有时反应太慢不剧烈则需加热。如果在加碘之后，反应仍不开始，则可再加入数粒碘(一般来讲，乙醇与镁的作用是缓慢的，如所用乙醇含水量超过0.596则作用更为困难)。待全部镁反应完毕后，加入100 mL 99.5%乙醇和几粒沸石。回流1h，蒸馏，产物收存于玻璃瓶中，用一橡皮塞或磨口塞塞住。

2)用金属钠制取。装置和操作同1)。在250mL圆底烧瓶中，放置2g金属钠[4]和100mL纯度至少为99%的乙醇，加入几粒沸石。加热回流30min后，加入4g邻苯二甲酸二乙酯[5]，再回流10min。取下冷凝管，改成蒸馏装置，按收集无水乙醇的要求进行蒸馏。产品储于带有磨口塞或橡皮塞的容器中。

[注释]

[1]本实验中所用仪器均需彻底干燥。由于无水乙醇具有很强的吸水性，因此操作过程中和存放时都必须防止水分浸入。

[2]一般用干燥剂干燥有机溶剂时，在蒸馏前应先过滤除去干燥剂。但氧化钙与乙醇中的水反应生成的是氢氧化钙，因在加热时不分解，故可留在瓶中一起蒸馏。

[3]若不放置，可适当延长回流时间。

[4]加入邻苯二甲酸二乙酯的目的，是利用它和氢氧化钠进行如下反应：

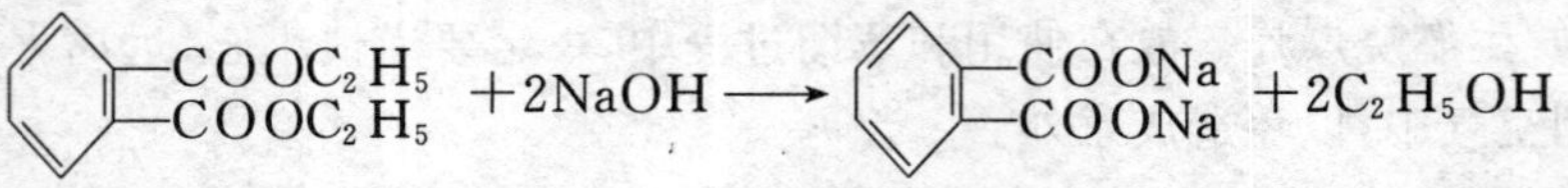

此反应抵消了乙醇和氢氧化钠生成乙醇钠与水的反应，这样制得的乙醇可达到极高的纯度。

3. 无水甲醇(Absolute methyl alcohol)

bp 64.96℃，n_D^{20} 1.328 8，d_4^{20} 0.791 4。

市售的甲醇，系由合成而来，含水量不超过0.5%～1%。由于甲醇和水不能形成共沸点的混合物，为此可借高效的精馏柱将少量水除去。精制甲醇含有0.02%的丙酮和0.1%的水，一般已可应用。如要制得无水甲醇，可用加镁的方法(见无水乙醇)。若含水量低于0.1%，亦可用3A或4A型分子筛干燥。甲醇有毒，处理时应避免吸入其蒸气。

4. 苯(Benzene)

bp 80.1℃，n_D^{20} 1.501 1，d_4^{20} 0.878 65。

普通苯含有少量的水(可达0.02%)。由煤焦油加工得来的苯还含有少量噻吩(沸点84℃)，不能用分馏或分步结晶等方法分离除去。为制得无水无噻吩的苯可采用如下操作步骤：

在分液漏斗内将普通苯及相当苯体积15%的浓硫酸一起摇荡，摇荡后将混合物静置，弃去底层的酸液，再加入新的浓硫酸，这样重复操作直至酸层呈现无色或淡黄色，且检验无噻吩为止。分去酸层，苯层依次用水、10%碳酸钠溶液、水洗涤，用氯化钙干燥，蒸馏，收集80℃的馏分。若要高度干燥可加入钠丝(见无水乙醚的纯化)进一步去水。由石油加工得来的苯一般可省去除噻吩的步骤。

噻吩的检验。取5滴苯放入小试管中，加入5滴浓硫酸及1～2滴1% α,β-吲哚醌-浓硫酸溶液，振荡片刻，如呈墨绿色或蓝色，表示有噻吩存在。

5. 丙酮(Acetone)

bp 56.2℃，n_D^{20} 1.358 8，d_4^{20} 0.789 9。

普通丙酮中往往含有少量水及甲醇、乙醛等还原性杂质，可用下列方法精制：

(1)在100 mL丙酮中加入0.5 g高锰酸钾回流，以除去还原性杂质，若高锰酸钾紫色很快消失，需要加入少量高锰酸钾继续回流，直至紫色不再消失为止。蒸出丙酮，用无水碳酸钾或无水硫酸钙干燥，过滤，蒸馏收集55～56.5℃的馏分。

(2)于100 mL丙酮中加入4mL 10%硝酸银溶液及35 mL 0.1 mol L^{-1}氢氧化钠溶液，振荡10 min，除去还原性杂质。将反应物过滤，滤液用无水硫酸钙干燥后，蒸馏收集55～56.5℃的馏分。

6. 乙酸乙酯(Ethyl acetate)

bp 77.06℃，n_D^{20} 1.372 3，d_4^{20} 0.900 3。

市售的乙酸乙醋中含有少量水、乙醇和醋酸，可用下述方法精制：

(1)于100 mL乙酸乙酯中加入10 mL醋酸酐，1滴浓硫酸，加热回流4 h，除去乙醇及水等杂质，然后进行分馏。馏液用2～3 g无水碳酸钾振荡干燥后蒸馏，最后产物的沸点为77℃，纯度达 99.7%。

(2)将乙酸乙酯先用等体积 5%的碳酸钠溶液洗涤,再用饱和氯化钙溶液洗涤,然后用无水碳酸钾干燥后蒸馏。

7. 二硫化碳(Carbon disulfide)

bp 46.25℃,n_D^{20} 1.631 89,d_4^{20} 1.266 1。

二硫化碳为有较高毒性的液体(能使血液和神经中毒),它具有高度的挥发性和易燃性。使用时必须十分小心,避免直接接触其蒸气。一般有机合成实验中对二硫化碳要求不高,可在普通二硫化碳中加入少量研碎的无水氯化钙,干燥后滤去干燥剂,再在水浴中蒸馏收集。

若要制得较纯的二硫化碳,则需将试剂级的二硫化碳用 0.5%高锰酸钾水溶液洗涤 3 次,除去硫化氢,再用汞不断振荡除去硫,最后用 2.5%硫酸汞溶液洗涤,除去所有恶臭(剩余的硫化氢),再经氯化钙干燥,蒸馏收集。其纯化过程的反应式为

$$3H_2S + 2KMnO_4 \longrightarrow 2MnO_2\downarrow + 2H_2O + 2KOH + 3S$$

$$Hg + S \longrightarrow HgS\downarrow$$

$$HgSO_4 + H_2S \longrightarrow HgS + H_2SO_4$$

8. 氯仿(Chloroform)

bp 61.7℃,n_D^{20} 1.445 9,d_4^{20} 1.483 2。

普通用的氯仿含有 1%的乙醇,这是为了防止氯仿分解为有毒的光气而作为稳定剂加进去的。为了除去乙醇,可以将氯仿用一半体积的水振荡数次,然后分出下层氯仿,用无水氯化钙干燥数小时后蒸馏。

另一种精制方法是将氯仿与小量浓硫酸一起振荡两三次。用量为每 1 000 mL 氯仿,用浓硫酸 50 mL。分去酸层以后的氯仿用水洗涤,干燥,然后蒸馏。除去乙醇的无水氯仿应保存于棕色瓶子里,并且不要见光,以免分解。

9. 石油醚(Petroleum)

石油醚为轻质石油产品,是低相对分子质量烃类(主要是戊烷和己烷)的混合物。其沸程为 30~150℃,收集的温度区间一般为 30℃左右,如有 30~60℃,60~90℃,90~120℃等沸程规格的石油醚。石油醚中含有少量不饱和烃,沸点与烷烃相近,用蒸馏法无法分离,必要时可用浓硫酸和高锰酸钾把它除去。通常将石油醚用其体积十分之一的浓硫酸洗涤两三次,再用 10%的硫酸加入高锰酸钾配成的饱和溶液洗涤,直至水层中的紫色不再消失为止。然后再用水洗,经无水氯化钙干燥后蒸馏。如要绝对干燥的石油醚则加入钠丝(见无水乙醚的纯化)。

10. 吡啶(Pyridine)

bp 115.5℃,n_D^{20} 1.509 5,d_4^{20} 0.981 9。

分析纯的吡啶含有少量水分,但已可供一般应用。如要制得无水吡啶,可与粒状氢氧化钾或氢氧化钠一同回流,然后隔绝潮气蒸出备用。干燥的吡啶吸水性很强,保存时应将容器口用石蜡封好。

11. *N*,*N*-二甲基甲酰胺(*N*,*N*-dimethyl formamide)

bp 149~156℃,n_D^{20} 1.430 5,d_4^{20} 0.948 7。

N,*N*-二甲基甲酰胺含有少量水分,在常压蒸馏时有少量分解,产生二甲胺与一氧化碳。若有酸或碱存在时,分解加快,所以在加入固体氢氧化钾或氢氧化钠,在室温放置数小时后,即有部分分解。因此,最好用硫酸钙、硫酸镁、氧化钡、硅胶或分子筛干燥,然后减压蒸馏,收集

76℃/4.79 kPa(36 mmHg)的馏分。当其中含水较多时,可加入十分之一体积的苯,在常压及80℃以下蒸去水和苯,然后用硫酸镁或氧化钡干燥,再进行减压蒸馏。

N,*N*-二甲基甲酰胺中如有游离胺存在,可用2,4-二硝基氟苯产生颜色来检查。

12. 四氢呋喃(Tetrahydrofuran)

bp 67℃,n_D^{20} 1.405 0,d_4^{20} 0.889 2。

四氢呋喃系具乙醚气味的无色透明液体,市售的四氢呋喃常含有少量水分及过氧化物。如要制得无水四氢呋喃可与氢化锂铝在隔绝潮气下回流(通常1 000 mL约需2~4 g氢化锂铝)除去其中的水和过氧化物,然后在常压下蒸馏,收集66℃的馏分。精制后的液体应在氮气氛中保存,如需较久放置,应加0.025% 4-甲基2,6-二叔丁基苯酚作抗氧剂。当处理四氢呋喃时,应先用小量试剂进行试验,以确定只有少量水和过氧化物,作用不致过于猛烈时方可进行。

四氢呋喃中的过氧化物可用酸化的碘化钾溶液来试验。如过氧化物很多,应另行处理为宜。

13. 二甲亚砜(Dimethyl sulfone)

bp 189℃(mp 18.5℃),n_D^{20} 1.478 3,d_4^{20} 1.095 4。

二甲亚砜为无色、无嗅、微带苦味的吸湿性液体。常压下加热至沸腾可部分分解。市售试剂级二甲亚砜含水量约为1%,通常先减压蒸馏,然后用4A型分子筛干燥;或用氢化钙粉末搅拌4~8 h,再减压蒸馏收集64~65℃/533 Pa(4 mmHg)馏分。蒸馏时,温度不宜高于90℃,否则会发生歧化反应生成二甲砜和二甲硫醚。二甲亚砜与某些物质混合时可能发生爆炸,例如,氢化钠、高碘酸或高氯酸镁等,应予以注意。

14. 二氧六环(Dioxane)

bp 101.5℃(mp12℃),n_D^{20} 1.422 4,d_4^{20} 1.033 6。

二氧六环作用与醚相似,可与水任意混合。普通二氧六环中含有少量二乙醇缩醛与水,久贮的二氧六环还可能含有过氧化物。二氧六环的纯化,一般加入质量分数为10%的盐酸与之回流3 h,同时慢慢通入氮气,以除去生成的乙醛,冷至室温,加入粒状氢氧化钾直至不再溶解。然后分去水层,用粒状氢氧化钾干燥过夜后,过滤,再加金属钠加热回流数小时,蒸馏后压入钠丝保存。

15. 1,2-二氯乙烷(1,2-dichloro ethane)

bp 83.4℃,n_D^{20} 1.444 8,d_4^{20} 1.253 1。

1,2-二氯乙烷为无色油状液体,有芳香味。其1份溶于120份(体积)水中,与之形成恒沸点混合物,沸点72℃,其中含81.5%的1,2-二氯乙烷,可与乙醇、乙醚、氯仿等相混溶,是结晶和提取时极有用的溶剂,比常用的含氯有机溶剂更为活泼。一般纯化可依次用浓硫酸、水、稀碱溶液和水洗涤,用无水氯化钙干燥或加入五氧化二磷分馏即可。

附录8 试剂的配制

1. 2,4-二硝基苯肼溶液

(1)在15 mL浓硫酸中,溶解3g 2,4-二硝基苯肼。另在70 mL 95%乙醇里加20 mL水。然后把硫酸苯肼倒入稀乙醇溶液中,搅动并混合均匀即成橙红色溶液。若有沉淀应过滤。

(2)将 1.2g 2,4-二硝基苯肼溶于 50 mL 30%高氯酸中,配好后储于棕色瓶中,不易变质。

方法(1)配制的试剂 2,4-二硝基苯肼浓度较大,反应时沉淀多便于观察。方法(2)法配制的试剂,由于高氯酸盐在水中溶解度很大,因此便于检验水溶液中的醛且较稳定,长期储存不易变质。

2.饱和亚硫酸氢钠水溶液

先配制 40%亚硫酸氢钠水溶液。然后在每 100 mL 的 40%亚硫酸氢钠水溶液中,加不含醛的无水乙醇 25 mL,溶液呈透明清亮状。

由于亚硫酸氢钠久置后易失去二氧化硫而变质,因此上述溶液也可按下法配制:将研细的碳酸钠晶体($Na_2CO_3 \cdot 10H_2O$)与水混合,水的用量使粉末上只覆盖一薄层水为宜。然后在混合物中通入二氧化硫气体,至碳酸钠近乎完全溶解,或将二氧化硫通入 1 份碳酸钠与 3 份水的混合物中,至碳酸钠全部溶解为止。将试剂配制好后密封放置,但不可放置太久,最好是用时新配。

3.Schiff(希弗)试剂

在 100 mL 热水里溶解 0.2 g 品红盐酸盐(也有叫碱性品红或盐基品红),放置冷却后,加入 2g 亚硫酸氢钠和 2 mL 浓盐酸,再用蒸馏水稀释到 200 mL。或先配制 10 mL 二氧化硫的饱和水溶液,冷却后加入 0.2g 品红盐酸盐,溶解后放置数小时使溶液变成无色或淡黄色,用蒸馏水稀释至 200 mL。

此外,也可以将 0.5 g 品红的盐酸盐溶于 100 mL 热水中,冷却后用二氧化硫气体饱和至粉红色消失,加入 0.5 g 活性炭,振荡过滤,再用蒸馏水稀释至 500 mL。本试剂所用的品红是 para-rossaniline(或称 para-fuchsin,又称假红)。此物与另一类似物 rossaniline(或称 fuchsin,称洋红)不同,现以它们的盐酸盐为例,对比结构式如下:

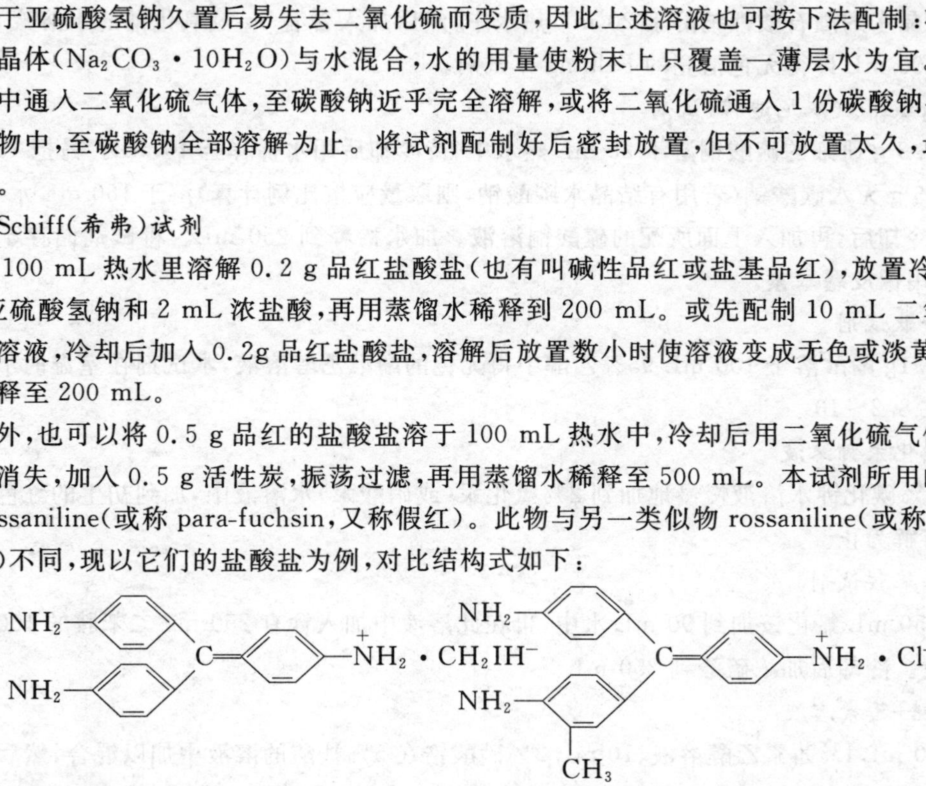

品红溶液原是桃红色,被二氧化硫饱和后变成无色的 Schiff 试剂,其变化过程如下:

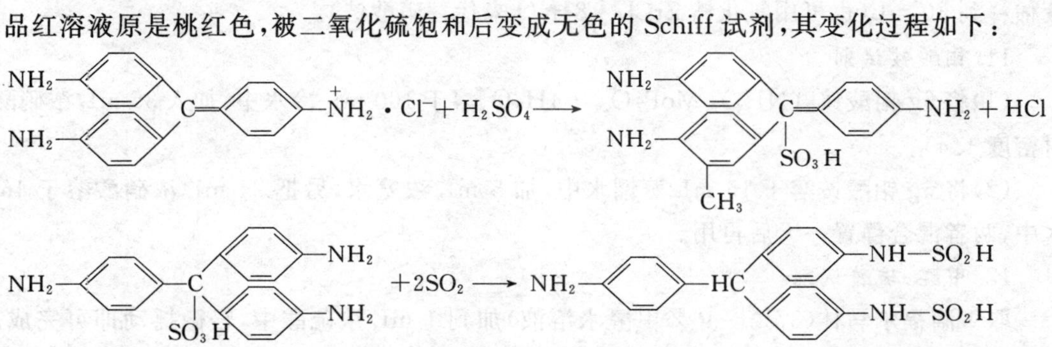

Schiff 试剂应密封储存于暗冷处,倘若受热见光或露置空气中过久,试剂中的二氧化硫易失,结果又显桃红色,遇此情况,应再通入二氧化硫,使颜色消失后使用。但应指出,试剂中过量的二氧化硫越少,反应就越灵敏。

4.碘溶液

(1)将 20 g 碘化钾溶于 100 mL 蒸馏水中,然后加入 l0g 研细的碘粉,搅动使其全溶呈深红色溶液。

(2)将 1g 碘化钾溶于 100 mL 蒸馏水中，然后加入 0.5 g 碘，加热溶解即得红色清亮溶液。

(3)将 2.6 g 碘溶于 50 mL 95%乙醇中，另把 3g 氯化汞溶于 50 mL 95%乙醇中，两者混合，滤除澄清。

5. Fehling(斐林)试剂

Fehling 试剂由 Fehling A 和 Fehling B 组成，使用时将两者等体积混合。Fehling A：将 3.5 g 含有五结晶水的硫酸铜溶于 100 mL 水中即得淡蓝色的 Fehling A 试剂。Fehling B：将 17g 五结晶水的酒石酸钾钠溶于 20 mL 热水中，然后加入含有 5g 氢氧化钠的水溶液 20 mL，稀释至 100 mL 即得无色清亮的 Fehling B 试剂。

6. Benedict(本尼迪特)试剂

把 4.3 g 研细的硫酸铜溶于 25 mL 热水中，待冷却后用水稀释至 40 mL。另把 43 g 柠檬酸钠及 25 g 无水碳酸钠(若用有结晶水碳酸钠，则取量应按比例计算)溶于 150 mL 水中，加热溶解，待冷却后，再加入上面所配的硫酸铜溶液。加水稀释到 250 mL。将试剂储存于试剂瓶中，瓶口用橡皮塞塞紧。

7. 酚酞试剂

把 0.1g 酚酞溶于 100 mL 95%乙醇中得无色的酚酞乙醇溶液，本试剂在室温时 pH 值变化范围在 8.2～10。

8. 碘化汞钾溶液

把 5%碘化钾水溶液慢慢地加到 2%氯化汞(或硝酸汞)水溶液中，加到初生的红色沉淀刚刚完全溶解为止。

9. 二苯胺试剂

将 250 mL 氯化铵加到 90 mL 水中，再在此溶液中加入含有 250 mg 二苯胺的 100 mL 浓硫酸溶液。冷却后加浓硫酸到 250 mL。

10. 锆-茜素溶液

取 10 mL 1%茜素乙醇溶液、10 mL 2%硝酸锆在 5%盐酸的溶液中加以混合，然后将混合液稀释到 30 mL(也可用氯化锆 $ZrCl_2 \cdot 8H_2O$ 来代替硝酸锆)。

11. 钼酸铵试剂

(1)将 6g 钼酸铵[$(NH_4)_6MoP_7O_{24} \cdot 4H_2O$]溶于 100 mL 冷水中，加入 35 mL 浓硝酸(相对密度 1.4)。

(2)将 6g 钼酸铵溶于 15 mL 蒸馏水中，加 5 mL 浓氨水，另把 24 mL 浓硝酸溶于 46 mL 水中，两者混合静置一天后再用。

12. 甲醛-硫酸试剂

取 1 滴福尔马林(37%～40%甲醛水溶液)加到 1 mL 浓硫酸中，轻微摇动即可完成。此试剂在临用时配制。

13. Lucas 试剂

将 34g 无水氯化锌在蒸发皿中强热熔融，稍冷后放在干燥器中冷至室温，取出捣碎，溶于 23 mL 浓盐酸中(相对密度 1.187)。配制时须加以搅动，并把容器放在冰水浴中冷却，以防氯化氢逸出。此试剂一般是临用时配制。

14. 硝酸铈铵试剂

取 90g 硝酸铈铵溶于 225 mL 2 mol·L^{-1}温热的硝酸中即成。

15. 铅酸钠溶液

取 1g 醋酸铅溶于 10 mL 水中，将此溶液加到 60 mL 1mol·L^{-1}氢氧化钠溶液中，搅拌至沉淀溶解为止。

16. 刚果红试纸

用 2g 刚果红与 1L 蒸馏水制成的溶液浸渍滤纸晾干而得。

17. 饱和溴水

溶解 15g 溴化钾于 100 mL 水中，加入 10g 溴，振荡即成。

18. 特制药棉

取 1g 醋酸铅溶于 10 mL 水中。将所得溶液加到 60 mL 1 mol·L^{-1}的氢氧化钠溶液中，不停地加以搅拌，直到沉淀完全溶解为止。再取 5g 五水硫代硫酸钠溶于 10 mL 水中，将所得溶液加到上述的醋酸铅溶液中，再加 1 mL 甘油，用水稀释到 100 mL。用这个溶液浸泡棉花，再将棉花取出拧干后即可应用。

19. Millon(米伦)试剂

将 2g 汞溶于 3 mL 浓硝酸(相对密度 1.4)中，然后用水稀释到 100 mL。它主要含有汞、硝酸亚汞和硝酸汞，此外还有过量的硝酸和少量的亚硝酸。

20. 醋酸铜-联苯胺试剂

本试剂由 A 和 B 组成，使用前临时将两者等体积地混合。其配法分别是：

A 液：取 150 mg 联苯胺溶于 100 mL 水及 1 mL 醋酸中，储存在棕色瓶内。

B 液：取 286 mg 醋酸铜溶于 100 mL 水中，储存于棕色瓶内。

21. 硝酸银铵溶液

取 0.5 mL 10%硝酸银溶液于试管里，滴加氨水。开始出现黑色沉淀。再继续滴加氨水边滴边摇动试管，滴到沉淀刚好溶解为止，即得澄清的硝酸银氨水溶液。

22. 氯化亚铜氨水溶液

取 1g 氯化亚铜放入一大试管中，往试管里加 1～2 mL 浓氨水和 10 mL 水，用力摇动试管后静置一会，再倾出溶液并投入 1 块铜片(或一根铜丝)，储存备用。

23. 次溴酸钠水溶液

在 2 滴溴中，滴加 5%氢氧化钠溶液，直到溴全溶且溶液红色褪掉呈淡蓝色为止。

24. 1%淀粉溶液

将 1g 可溶性淀粉溶于 5 mL 冷蒸馏水中，用力搅成稀浆状，然后倒入 94 mL 沸水中，即得近于透明的胶体溶液，放冷使用。

25. α-萘酚试剂

将 2g α-萘酚溶于 20 mL 95%乙醇中，用 95%乙醇稀释至 100 mL，储于棕色瓶中。一般也是用前才配。

26. 间苯二酚盐酸试剂

将 0.05 g 间苯二酚溶于 50 mL 浓盐酸中，再用蒸馏水稀释至 100 mL。

27. 苯肼试剂

(1)将 5 mL 苯肼溶于 50 mL 10%醋酸溶液中加 0.5g 活性炭。搅拌后过滤，把滤液保存于棕色试剂瓶中，苯肼试剂放置时间过久会失效。苯肼有毒！使用时切勿与皮肤接触。如不慎触及，应用5%醋酸溶液冲洗，再用肥皂洗涤。

(2)称取2g苯肼盐酸盐和3g醋酸钠混合均匀，于研钵上研磨成粉末即得盐酸苯肼-醋酸钠混合物，取0.5 g盐酸苯肼-醋酸钠混合物与糖液作用。苯肼在空气中不稳定，因此，通常用较稳定的苯肼盐酸盐。这是因为成脎反应必须在弱酸性溶液中进行，使用时必须加入适量的醋酸钠以缓冲盐酸的酸度，所用醋酸钠不能过多。

(3)将0.5g 10%盐酸苯肼溶液和0.5mL 15%醋酸钠溶液于2 mL的糖液中。

28. 铜氨试剂

将碳酸铜(多以碱性碳酸铜存在)粉末溶于浓氨水中，使其成饱和溶液，即得深蓝色的铜氨试剂，用其澄清溶液。

29. 0.1%茚三酮乙醇溶液

将0.1g茚三酮溶于124.9 mL 95%乙醇中，通常在使用时新配。

30. 0.5%酪蛋白溶液

将0.5 g酪蛋白溶于99.5 mL 0.04%氢氧化钠溶液里即可。

31. 铬酐试剂

将10g三氧化铬(CrO_3)加到10 mL浓硫酸中，搅拌成均匀糊状。然后用30 mL蒸馏水小心稀释此糊状物，搅拌得澄清橘红色溶液即可。

32. 高碘酸-硝酸银试剂

将25 mL 2%高碘酸钾溶液与2 mL浓硝酸和2mL 10%硝酸银溶液混合，摇动。待有沉淀析出，过滤取透明溶液即可。

附录9　危险化学药品的使用与保存

根据常用的一些化学药品的危险性，大体将化学药品分为易燃、易爆和有毒三类，现分述如下：

1. 易燃化学药品

可燃气体：氢、乙胺、氯乙烷、乙烯、煤气、氢气、硫化氢、甲烷、氯甲烷、二氧化硫等。

易燃液体：汽油、乙醚、乙醛、二硫化碳、石油醚、苯、甲苯、二甲苯、丙酮、乙酸乙酯、甲醇、乙醇等。

易燃固体：红磷、三硫化二磷、萘、铝粉等，黄磷为能自燃固体。

从上可以看出，大部分有机溶剂均为易燃物质，如使用或保管不当极易引起燃烧事故，故须特别注意有关注意事项。本书实验室一般安全知识已在有关章节叙述。

2. 易爆炸化学药品

气体混合物的反应速率随成分而异，当反应速率达到一定限度时，即会引起爆炸。

经常使用的乙醚，不但其蒸气能与空气或氧混合，形成爆炸混合物，放置陈久的乙醚被氧化生成的过氧化物在蒸馏时也会引起爆炸。此外四氢呋喃醚亦会因产生过氧化物而引起爆炸。

某些以较高速度进行的放热反应，因生成大量气体也会引起爆炸并伴随着燃烧。

一般说来，易爆物质大多含有以下结构或官能团：

—O—O—	臭氧、过氧化物
—O—Cl—	氯酸盐、高氯酸盐
=N—Cl—	氮的氯化物
—N=O—	亚硝基化合物
—N=N—	重氮及叠氮化合物
—N=C	雷酸盐
$-NO_2$	硝基化合物(三硝基甲苯、苦味酸盐)
—C≡C—	乙炔化合物(乙炔金属盐)

自行爆炸的有：高氯酸胺、硝酸胺、浓高氯酸、雷酸汞、三硝基甲苯等。

混合发生爆炸的有：

(1)高氯酸＋乙醇或其他有机物；

(2)高锰酸钾＋甘油或其他有机物；

(3)高锰酸钾＋硫酸或硫；

(4)硝酸＋镁或碘化氢；

(5)硝酸铵＋醋类或其他有机物；

(6)硝酸铵＋锌粉＋水；

(7)硝酸盐＋氯化亚锡；

(8)过氧化物＋铝＋水；

(9)硫＋氧化汞；

(10)金属钠或钾＋水。

氧化物与有机物接触，极易引起爆炸。在使用浓硝酸、高氯酸及过氧化氢等时，必须特别注意。

预防实验中爆炸的产生除本书前面部分已叙述的知识外，还必须注意以下几点：

(1)进行可能爆炸的实验时，必须在特殊设计的防爆炸地方进行；当使用可能发生爆炸的化学试剂时，必须做好个人防护，须戴面罩或防护眼镜，并在不碎玻璃通风橱中进行操作；设法减少药品用量或浓度，进行微量或半微量试验。对不了解性能的实验，切勿随意操作。

(2)苦味酸须保存在水中，某些过氧化物(如过氧化苯甲酰)必须加水保存。

(3)易爆炸的残渣必须妥善处理，不得任意乱丢。

3. 有毒化学药品

我们日常接触的化学药品，有的是剧毒物，使用时必须十分谨慎；有的试剂长期接触或接触过多，也会引起急性或慢性中毒，影响健康。但只要掌握使用有毒物质的规则和防护措施，则可避免或把中毒机会减少到最低程度，并且培养起敢于使用有毒物质的勇气。

有毒化学药品通常由下列途径侵入人体：

(1)由呼吸道侵入。有毒实验必须在通风橱内进行，并经常注意室内空气流畅。

(2)由皮肤黏膜侵入。眼睛的角膜对化学药品非常敏感，故当进行实验时，必须戴防护眼镜；进行实验操作时，注意勿使试剂直接接触皮肤，手或皮肤有伤口时更须特别小心。

(3)由消化道侵入。这种情况不多，为防止中毒，任何药品不得用口尝味，严禁在实验室进食，实验结束后必须洗手。

(4)严禁将毒物带出实验室。

有毒化学药品罗列如下：

(1)有毒气体：溴、氯、氟、氰氢酸、氟化氢、溴化氢、氯化氢、二氧化硫、硫化氢、光气、氨、一氧化碳等均为窒息性或具刺激性气体。在使用以上气体或进行产生以上气体的实验时，必须在通风良好的通风橱中进行，并设法吸收有毒气体，减少环境污染。如遇大量有害气体逸至室内，应立即关闭气体发生装置，迅速停止实验，关闭火源、电源，离开现场。如发生伤害事故，应视情况及时加以处理。

(2)强酸和强碱：硝酸、硫酸、盐酸、氢氧化钠、氢氧化钾等均刺激皮肤，有腐蚀作用，造成化学烧伤。吸入强酸烟雾，刺激呼吸道，使用时应倍加小心，并严格按规定的操作进行。

(3)无机化学药品。

氰化物及氰氢酸：毒性极强，致毒作用极快。空气中氰化氢含量达万分之三，数分钟内即可致人死亡，使用时须特别注意。氰化物必须密封保存，要有严格的领用保管制度，取用时必须戴口罩、防护眼镜及手套，手上有伤口时不得进行使用氰化物的实验；研碎氰化物时，必须用有盖研体，在通风橱进行(不抽风)；使用过的仪器、桌面均得亲自收拾，用水冲净；手及脸亦应仔细洗净；实验服可能污染，必须及时换洗。

汞：室温下即能蒸发，毒性极强，能导致急性或慢性中毒。使用时必须注意室内通风；提纯或处理，必须在通风橱内进行；如果泼翻，可用水泵减压收集，尽可能收集完全。无法收集的细粒，可用硫磺粉、锌粉或三氯化铁溶液清除。

溴：液溴可致皮肤烧伤，蒸气刺激黏膜，甚至可使眼睛失明。应用时必须在通风橱中进行；盛溴的玻璃瓶须密塞后放在金属罐中，妥为存放，以免撞倒或打翻；如泼翻或打破，应立即用砂掩盖；如皮肤灼伤立即用稀乙醇洗或大量甘油按摩，然后涂以硼酸凡士林。

金属钠、钾：遇水即发生燃烧爆炸，使用时须小心。钠、钾应保存在液体石蜡或煤油中，装入铁罐中盖好，放在干燥处。

(4)有机化学药品。

有机溶剂：有机溶剂均为脂溶性液体，对皮肤黏膜有刺激作用，对神经系统有选择性刺激作用。如苯，不但刺激皮肤，易引起顽固湿疹，对造血系统及中枢神经系统均有严重损害。再如甲醇对视觉神经特别有害。在条件许可情况下，最好用毒性较低的石油醚、醚、丙酮、甲苯、二甲苯代替二硫化碳、苯和卤代烷类。

硫酸二甲酯：吸入及皮肤吸收均可中毒且有潜伏期。中毒后感到呼吸道灼痛，对中枢神经影响大，滴在皮肤上能引起坏死、溃疡，恢复慢。

芳香硝基化合物：化合物所含硝基愈多毒性愈大，在硝基化合物中增加氯原子，亦将增加毒性。此类化合物的特点是能迅速被皮肤吸收，中毒后引起顽固性贫血及黄疸病，刺激皮肤引起湿疹。

苯酚：能够灼伤皮肤，引起坏死或皮炎，沾染后应立即用湿水及稀乙醇清洗。

生物碱：大多数具有强烈毒性，皮肤亦可吸收，少量可导致危险中毒甚至死亡。

致癌物：很多的烷基化剂，长期摄入体内有致癌作用，应予注意。其中包括硫酸二甲酯、对甲苯磺酸甲酯、*N*-甲基-*N*-亚硝基脲素、亚硝基二甲胺、偶氮乙烷以及一些丙烯酸醋类等。

一些芳香胺类，由于在肝脏中经代谢而生成 N-羟基化合物而具有致癌作用，其中包括 2-乙酰氨基芴、4-乙酰氨基联苯、2-乙酰氨基苯酚、2-萘胺、4-二甲氨基偶氮苯等。部分稠环芳香烃化合物，如 3,4-苯并蒽，1,2,5,6-二苯并蒽和 9-及 10-甲基-1,2-苯并蒽等，都是致癌物，而 9,10-二甲基-1,2-苯并蒽则属于强致癌物。

使用有毒药品时必须了解其性质与使用方法。不要沾污皮肤、吸入蒸气及溅入口中。最好在通风橱内操作，必要时戴防护眼镜及手套，小心开启瓶塞，以免破损散出。使用过的仪器应亲自冲洗干净，残渣废料丢在废物缸内。经常保持实验室及台面整洁，也是避免发生事故的重要措施。实验结束后必须养成洗手的习惯。手上抹少许油脂，保持皮肤润滑对保护皮肤也很有好处。

参考文献

[1] 任玉杰.绿色有机化学实验.北京:化学工业出版社,2007.

[2] 朱红军.有机化学微型实验.2版.北京:化学工业出版社,2007.

[3] 兰州大学、复旦大学化学系有机化学教研室.有机化学实验.北京:高等教育出版社,1994.

[4] 曾昭琼.有机化学实验.2版.北京:高等教育出版社,1987.

[5] 柳闽生,曹小华,谢宝华,等.绿色合成环己烯实验的探索.实验技术与管理,2006,23(3):29.

[6] 曹小华,黎先财,陶春元,等.过氧化氢氧化环己酮绿色合成己二酸.化工中间体,2006,(11):29.

[7] 王丽君,付涛.水合硫酸氢钠催化合成乙酸正丁酯.河北化工,2004,(3):34.

[8] 道格西,哈奇森.绿色有机化学——理念和实验.任玉杰,译.上海:华东理工大学出版社,2005.

[9] 刘汉兰,陈浩,文利柏.基础化学实验.北京:科学出版社,2006.